Le corps
humain

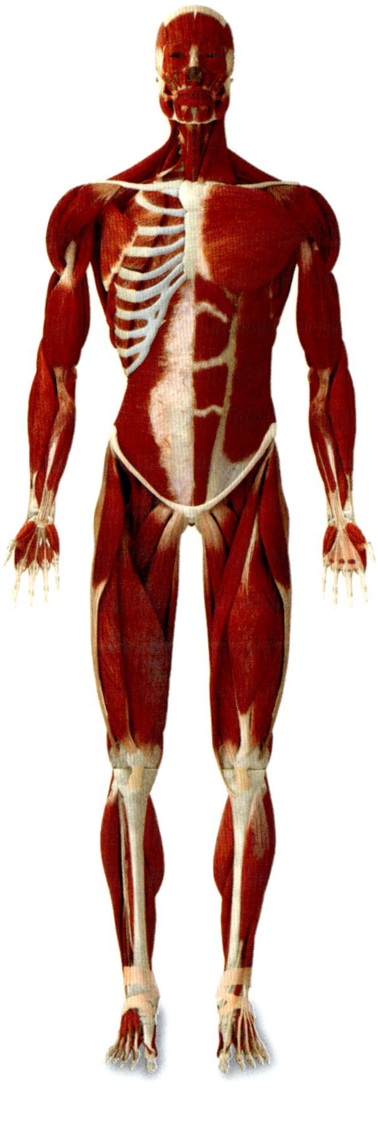

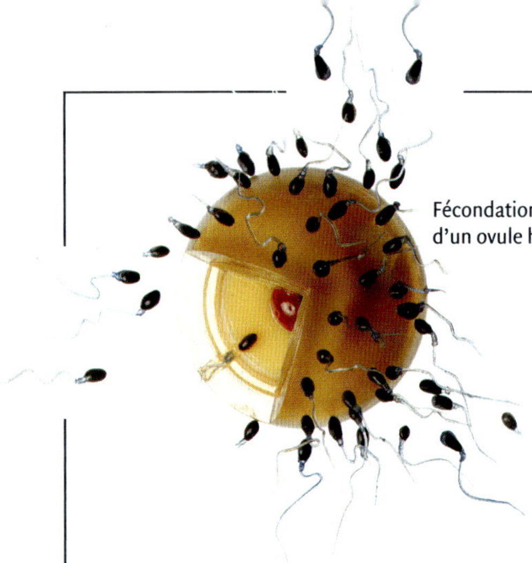

Fécondation
d'un ovule humain

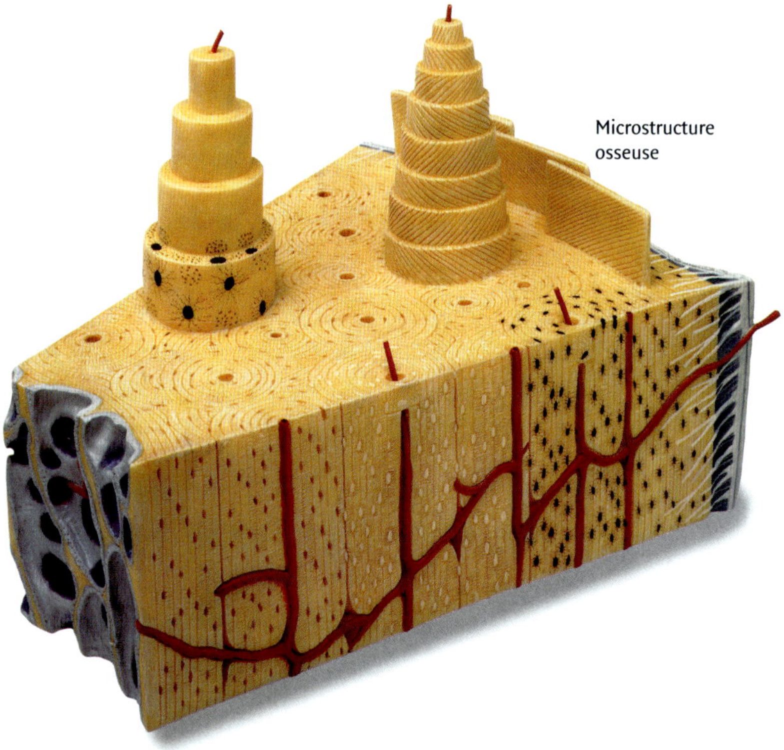

Microstructure
osseuse

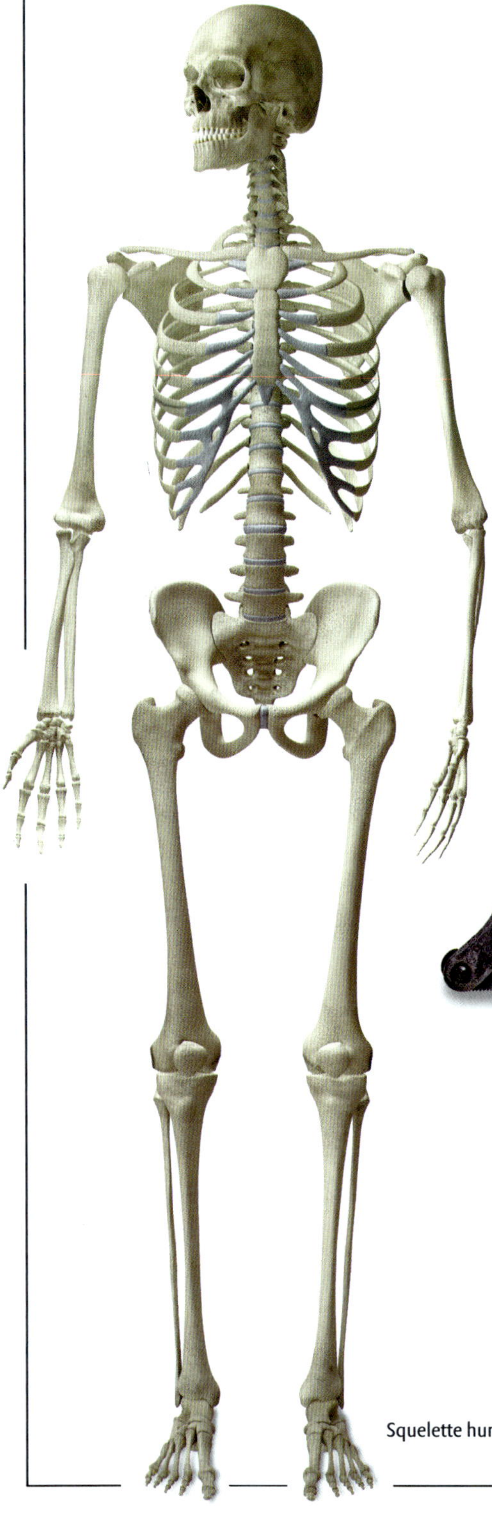

Squelette humain

Empreinte digitale

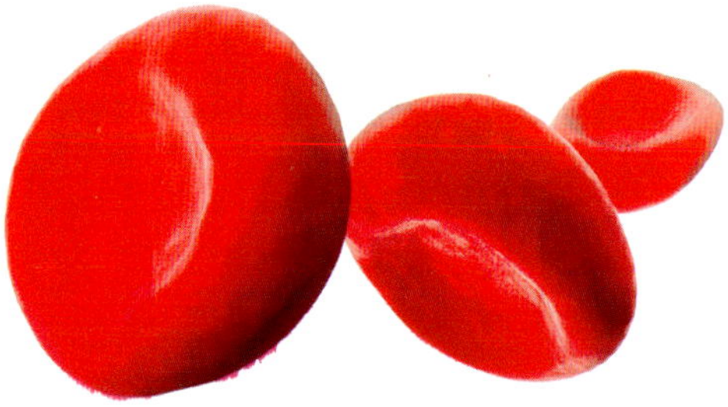

Globules rouges

Scie à os

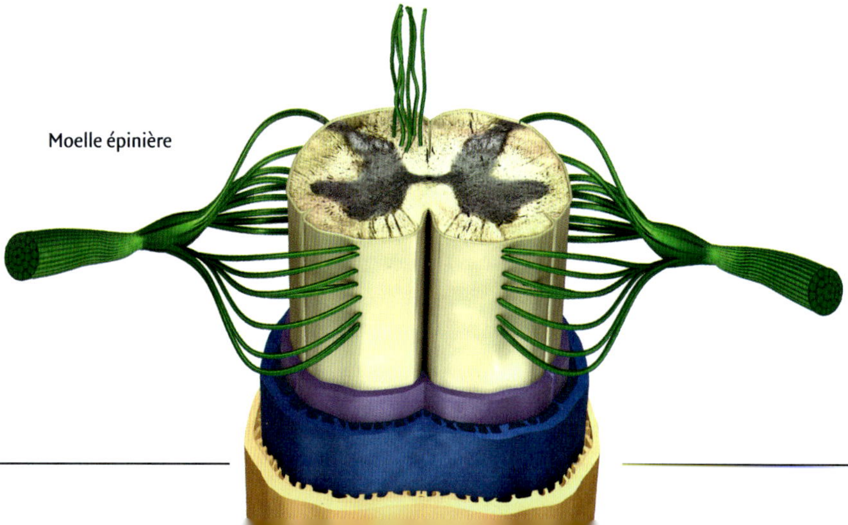

Moelle épinière

Le corps
humain

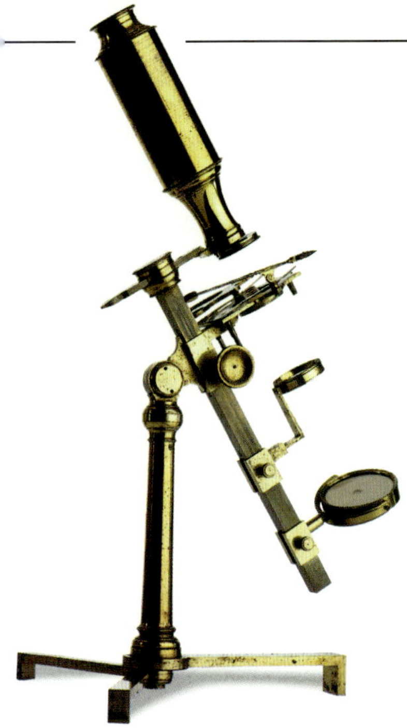

Microscope composé

Neurone

par

Richard Walker

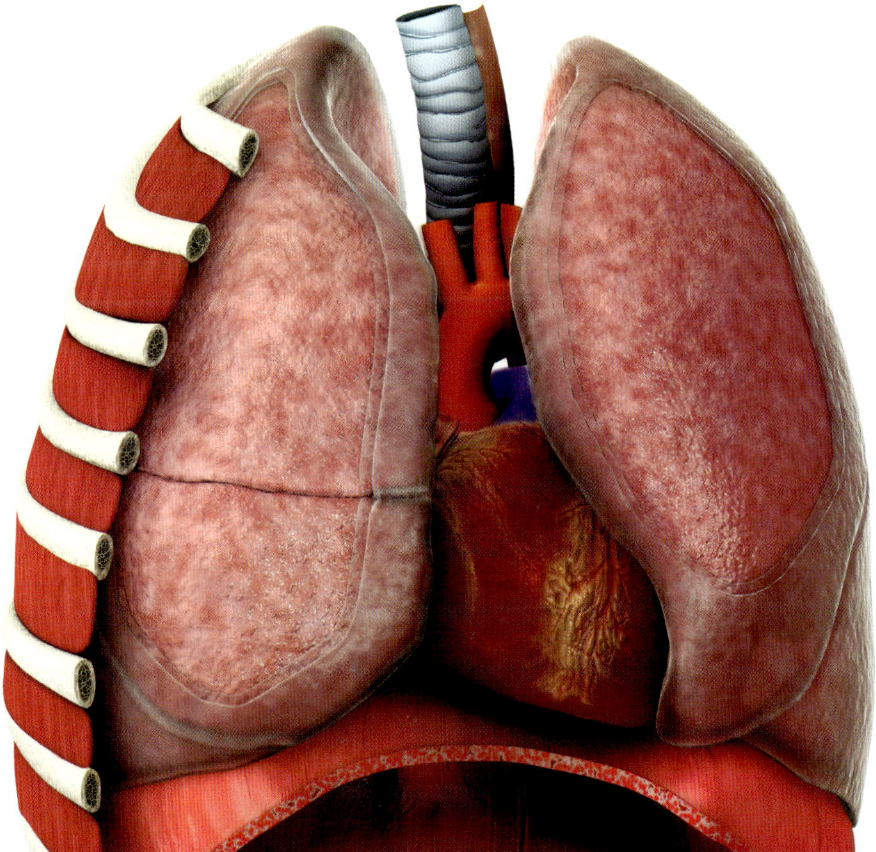

Appareil respiratoire

LES YEUX DE LA DÉCOUVERTE
GALLIMARD JEUNESSE

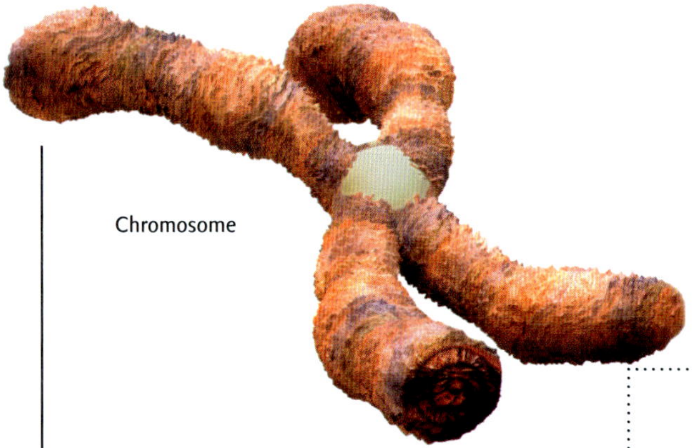

Chromosome

Pince hémostatique du XIXe siècle

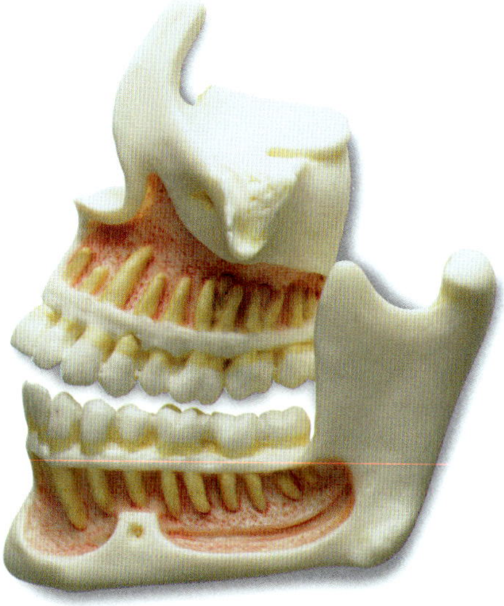

Denture adulte

Vue en coupe de la peau

COMMENT ACCÉDER AU SITE INTERNET DU LIVRE

1 - SE CONNECTER
Tapez l'adresse du site dans votre navigateur puis laissez-vous guider jusqu'au livre qui vous intéresse : **http://www.decouvertes-gallimard-jeunesse.fr/9+**

2 - CHOISIR UN MOT CLÉ DANS LE LIVRE ET LE SAISIR SUR LE SITE
Vous ne pouvez utiliser que les mots clés du livre (inscrits dans les puces grises) pour faire une recherche.

3 - CLIQUEZ SUR LE LIEN CHOISI
Pour chaque mot clé du livre, une sélection de liens Internet vous est proposée par notre site.

4 - TÉLÉCHARGER DES IMAGES
Une galerie de photos est accessible sur notre site pour ce livre. Vous pouvez y télécharger des images libres de droits pour un usage personnel et non commercial.

IMPORTANT :
• Demandez toujours la permission à un adulte avant de vous connecter au réseau Internet.
• Ne donnez jamais d'informations sur vous.
• Ne donnez jamais rendez-vous à quelqu'un que vous avez rencontré sur Internet.
• Si un site vous demande de vous inscrire avec votre nom et votre adresse e-mail, demandez d'abord la permission à un adulte.
• Ne répondez jamais aux messages d'un inconnu, parlez-en à un adulte.

NOTE AUX PARENTS : Gallimard Jeunesse vérifie et met à jour régulièrement les liens sélectionnés, leur contenu peut cependant changer. Gallimard Jeunesse ne peut être tenu pour responsable que du contenu de son propre site. Nous recommandons que les enfants utilisent Internet en présence d'un adulte, ne fréquentent pas les *chats* et utilisent un ordinateur équipé d'un filtre pour éviter les sites non recommandables.

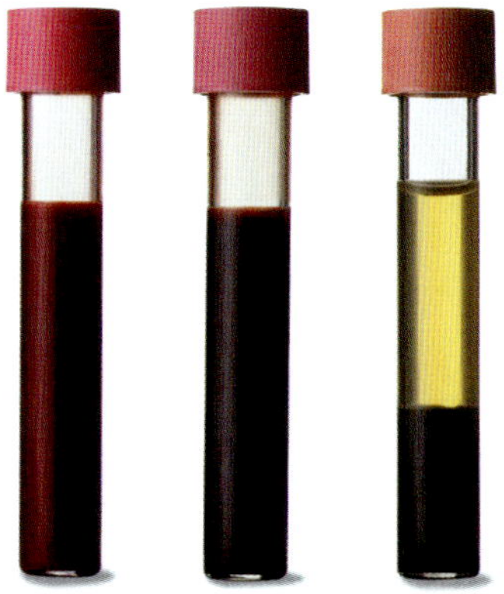

Sang riche en oxygène — Sang pauvre en oxygène — Sang immobilisé

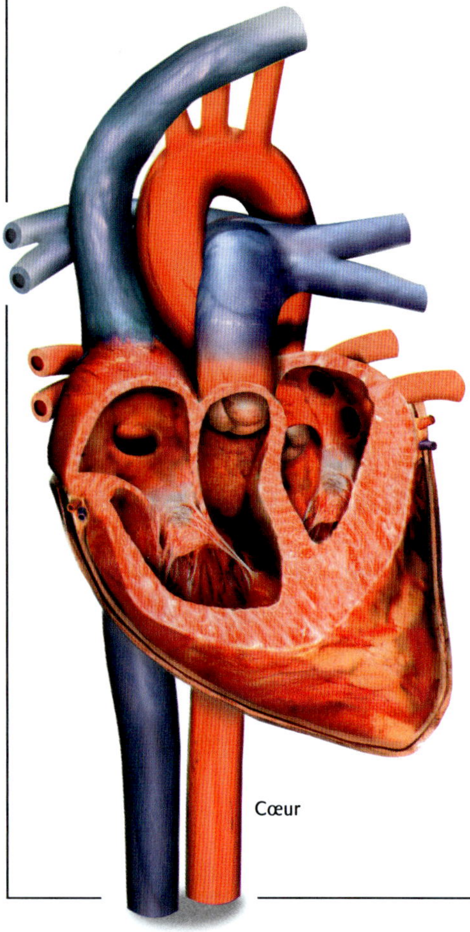

Cœur

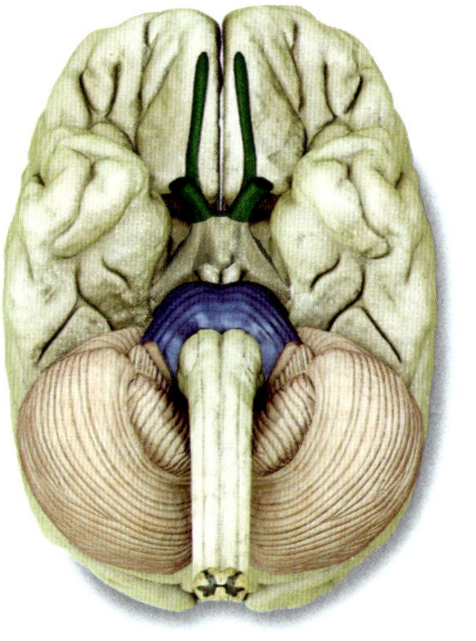

Encéphale, vue du dessous

Collection dirigée par Pierre Marchand et Peter Kindersley

Pour l'édition originale
Édition : Lisa Stock, Jane Yorke, Rob Houston, Camilla Hallinan, Andrew Macintyre
Direction artistique : David Ball, Alison Gardner, Owen Peyton Jones, Martin Wilson
Iconographie : Louise Thomas - Fabrication : Hitesh Patel, Pip Tinsley
Pour l'édition française
Responsable éditorial : Thomas Dartige - Édition : Éric Pierrat
Adaptation et réalisation : Agence Juliette Blanchot, Paris
Traduction : Manuel Boghossian - Relecture scientifique : Philippe Lagrée, médecin
Correction : Sylvie Gauthier - PAO : Créations Marguerite
Couverture : Raymond Stoffel et Marguerite Courtieu - Photogravure de couverture : Scan +
Site Internet associé : Bénédicte Nambotin, Françoise Favez, Eric Duport et Victor Dillinger.

Édition originale sous le titre *Human Body*

ISBN 978-2-07-062404-1

Loi n°49-956 du 16 juillet 1949 sur les publications destinées à la jeunesse
Dépôt légal : septembre 2009 - N° d'édition : 164497
Photogravure : Colourscan à Singapour
Imprimé et relié en Chine par Toppan Printing Co. (Shenzen) Ltd.

SOMMAIRE

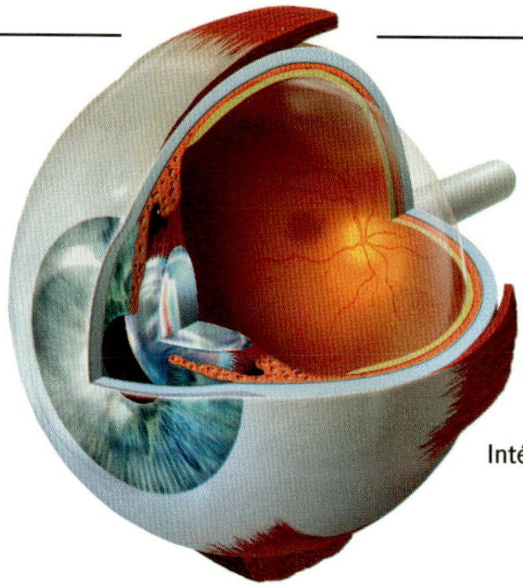

Intérieur de l'œil

Le corps humain

De tous les animaux, l'être humain est celui qui possède l'intelligence la plus développée. Cette caractéristique, associée à une curiosité naturelle, lui a permis, au fil du temps, de comprendre son corps. Nous savons ainsi, après des siècles d'investigation, que, sous des dehors parfois un peu différents, nous sommes tous pareils du point de vue anatomique. L'anatomie, qui étudie les structures corporelles, montre que, mis à part la différence homme/femme, le corps de tous les êtres humains comportent les mêmes éléments. La physiologie, qui s'intéresse au fonctionnement du corps, explique comment les différents systèmes organiques collaborent pour assurer la vie des cellules. Nous descendons tous d'ancêtres communs, qui sont apparus en Afrique il y a environ 200 000 ans, et appartenons tous à une seule et même espèce, *Homo sapiens*.

LES ORIGINES DE L'HOMME
Les premiers hominidés, qui se sont développés il y a plusieurs millions d'années à partir d'un primate, ont peu à peu adopté la station debout. Leur cerveau s'est développé. *Homo habilis* (ci-dessus), capable de fabriquer des outils, vivait il y a environ 2 millions d'années et était un hominidé parmi d'autres. L'*Homo sapiens*, l'être humain moderne, est le seul de la lignée à avoir survécu.

Système musculaire

COMPRENDRE L'ANATOMIE
L'anatomie moderne est née à la Renaissance, dans le courant du XVIe siècle. Ces planches anatomiques sont extraites du célèbre *De humani corporis fabrica*, du grand médecin flamand, André Vésale (p. 10). Il n'hésita pas à rejeter les préceptes de Galien, notamment en disséquant des cadavres humains.

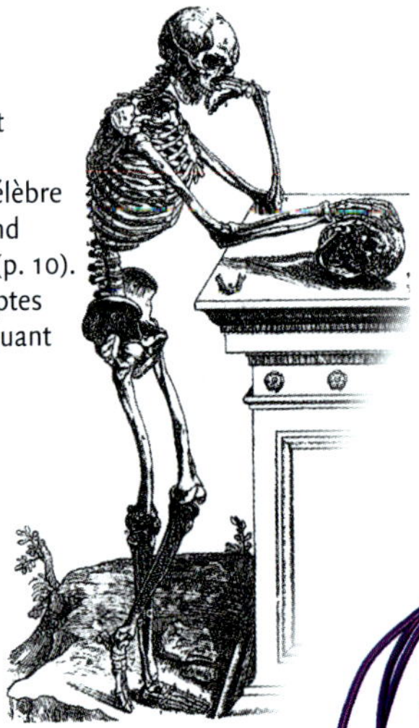

Système osseux

LE CORPS COMME FOYER
En 1708, on considérait que le corps humain fonctionnait comme une maison qu'il faut approvisionner (appareil digestif), nourrir (circulation sanguine), chauffer (processus chimiques) et organiser (cerveau).

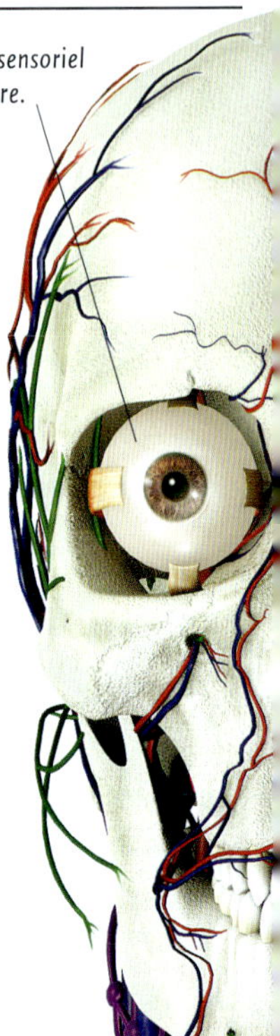

L'œil est un organe sensoriel qui détecte la lumière.

La veine ramène le sang au cœur.

L'artère conduit le sang venant du cœur.

Les nerfs conduisent les signaux électriques depuis et vers le cerveau.

L'os soutient le bras.

UN TRAVAIL D'ÉQUIPE
Les tissus, organes et systèmes ne peuvent exister isolément. Ce dessin (un « écorché ») montre comment ils coopèrent pour maintenir l'organisme en vie. Les os, les muscles et les cartilages soutiennent le corps et permettent le mouvement. Les nerfs transmettent les ordres et les informations. Le cœur et les vaisseaux sanguins distribuent dans tout le corps les nutriments apportés par les aliments ainsi que l'oxygène absorbé par les poumons. L'organisme conserve ainsi un milieu interne stable avec une température constante (37 °C), ce qui permet aux cellules de travailler de façon optimale.

DE QUOI EST FAIT LE CORPS ?

Le corps humain compte environ 100 000 milliards de cellules, unités vivantes microscopiques des plus complexes dont on dénombre 200 types. L'association de plusieurs cellules d'un même type forme un tissu, et le regroupement de plusieurs tissus donne un organe. Les différents systèmes organiques, tels que le système digestif (décrit ci-contre), se composent de plusieurs organes formant entre eux une unité fonctionnelle. L'interaction entre ces systèmes permet la vie.

Corps humain

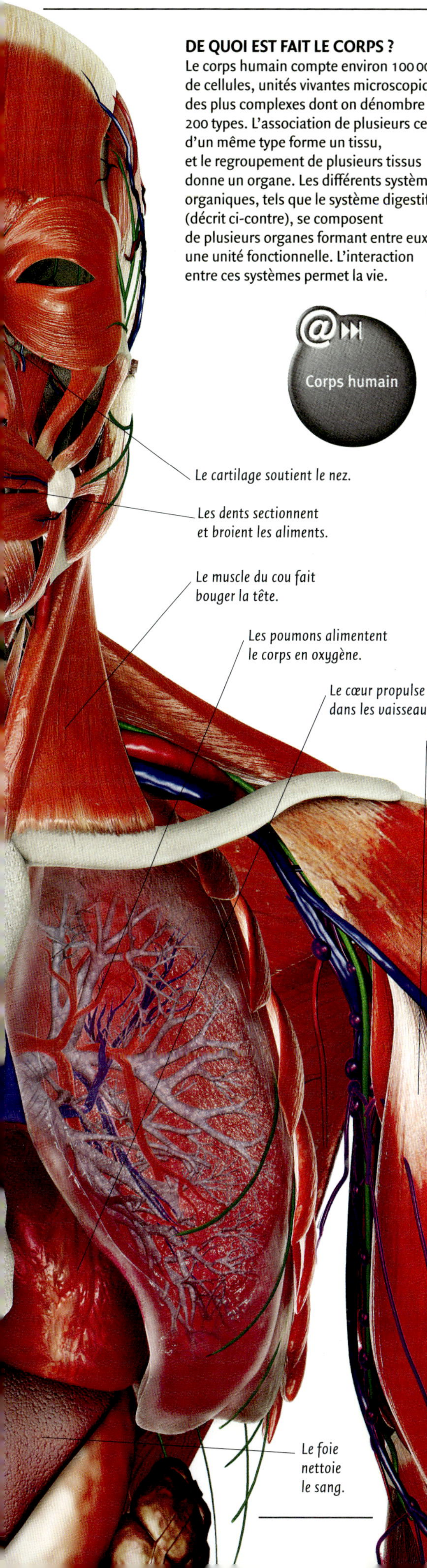

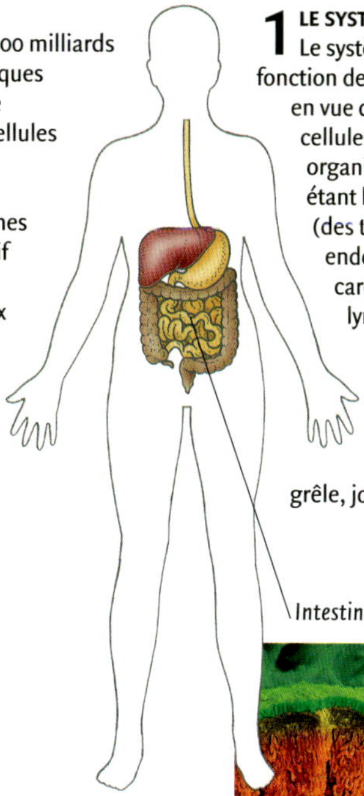

Système digestif

1 LE SYSTÈME

Le système digestif, qui a pour fonction de dégrader les aliments en vue de leur utilisation par les cellules, est l'un des 12 systèmes organiques humains – les autres étant les systèmes tégumentaire (des tissus), osseux, nerveux, endocrinien (hormonal), cardio-vasculaire (circulatoire), lymphatique, musculaire, immunitaire, respiratoire, urinaire et reproducteur. Chacun des organes du système digestif, tels l'estomac ou l'intestin grêle, joue un rôle déterminé.

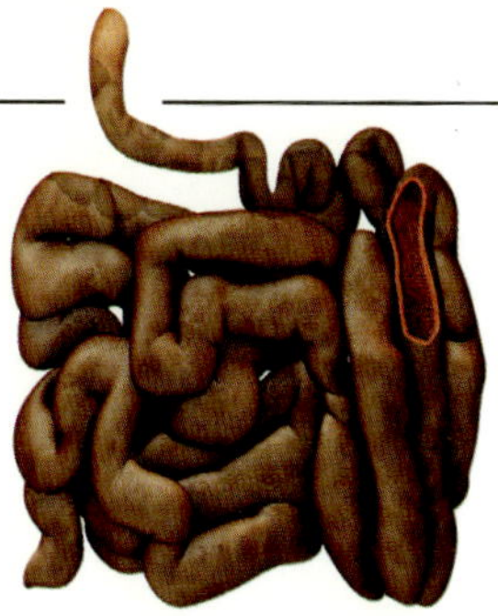

2 L'ORGANE

L'intestin grêle est la partie du tube digestif où s'achève la dégradation des aliments. Sa paroi renferme des muscles lisses, dont les contractions font progresser le chyme (bouillie alimentaire), ainsi que des vaisseaux sanguins et des nerfs. Le tissu épithélial dont elle est tapissée permet l'absorption des nutriments et leur passage dans le sang.

3 LE TISSU

La muqueuse de l'intestin grêle est tapissée de millions de villosités (saillies microscopiques arrondies) recouvertes par un tissu, l'épithélium (en orange), dont la surface est elle-même parsemée de microvillosités (en vert). Tout cela permet d'augmenter la surface d'absorption de l'intestin.

4 LES CELLULES

Les cellules de l'épithélium sont très serrées, ce qui empêche le chyme et les sucs digestifs de pénétrer et d'abîmer la muqueuse de l'intestin. Comme elles s'usent très vite, ces cellules sont remplacées tous les deux ou trois jours.

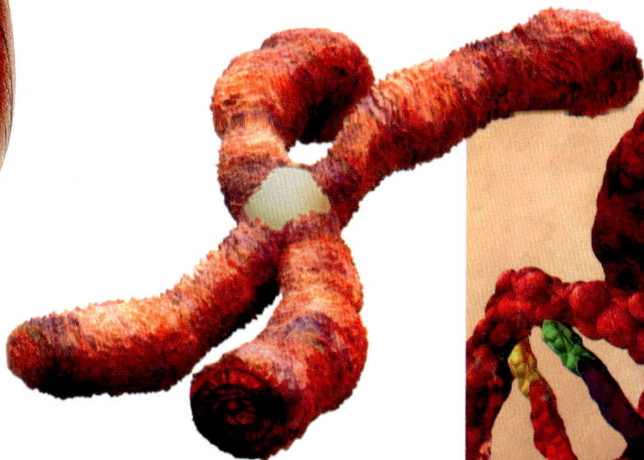

5 LES CHROMOSOMES

Chaque cellule possède un noyau, centre de commande renfermant 23 paires de chromosomes. Les chromosomes sont comme de longs fils qui, lors de la division cellulaire, s'enroulent sur eux-mêmes pour former une croix (ci-dessus) : ils contiennent, sous la forme de gènes, l'information codée nécessaire à la fabrication des cellules, tissus, organes et systèmes.

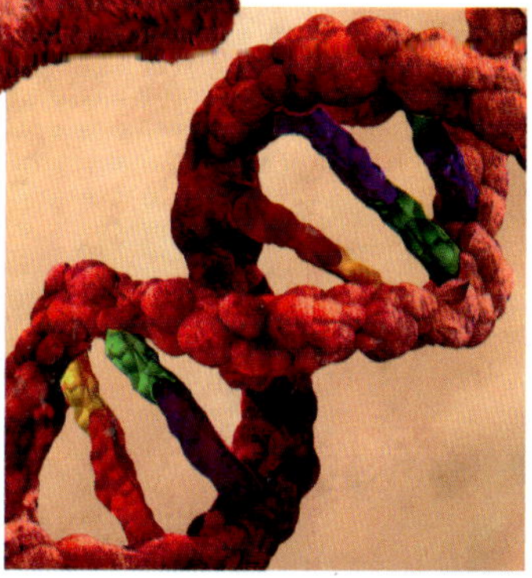

6 L'ADN

Chaque chromosome est formé d'une molécule d'ADN (acide désoxyribonucléique), caractérisée par une structure en double hélice. Les deux brins de l'ADN sont reliés entre eux par des éléments chimiques appelés bases (en bleu, vert, rouge et jaune), dont l'ordre d'agencement constitue le code génétique de l'individu. Seuls les vrais jumeaux ont le même ADN.

MYTHES, MAGIE ET MÉDECINE

Il y a plusieurs milliers d'années, l'être humain sculptait des statuettes et dessinait sur les parois des grottes des figures humaines. Puis il a cherché à mieux connaître le monde alentour et son propre corps. Les Égyptiens de l'Antiquité ont embaumé des millions de cadavres, mais nous savons peu de choses sur leurs connaissances anatomiques. Dans de nombreuses civilisations, la médecine – ensemble des soins et traitements à prodiguer aux malades et aux blessés – est resté liée aux mythes, à la magie et à la superstition – la maladie étant considérée comme envoyée par les dieux ou les démons. C'est le médecin grec Hippocrate (env. 460-377 av. J.-C.), surnommé le « père de la médecine », qui le premier affirma que les maladies n'avaient rien de divin et qu'elles pouvaient être identifiées et traitées. Sous l'Empire romain, Galien (env. 131- env. 201) formula des théories anatomiques et physiologiques qui allaient faire autorité durant des siècles. Avec le déclin de Rome, la médecine prit un nouvel essor en Perse, où les doctrines d'Hippocrate et de Galien furent développées par des médecins tels qu'Avicenne (980-1037).

ART PRÉHISTORIQUE
Cette peinture rupestre, découverte dans le parc national de Kakadu, en Australie, a été réalisée avec des pigments naturels. L'anatomie interne humaine et animale, aujourd'hui visible aux rayons X, était déjà représentée il y a 4 000 ans dans l'art aborigène.

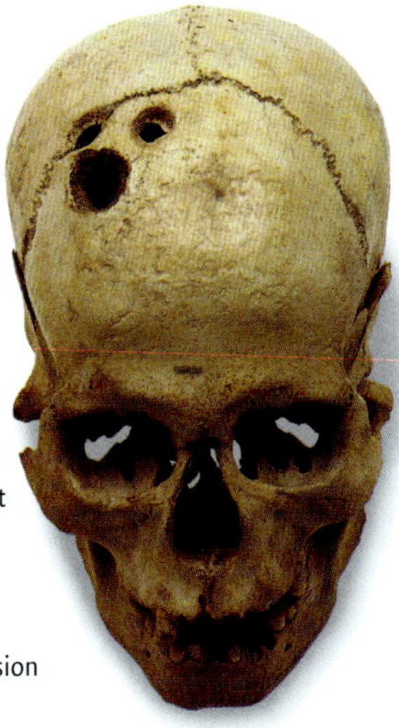

UNE TÊTE TROUÉE
Ce crâne vieux de 4 000 ans, retrouvé à Jéricho, dans l'actuel Israël, présente des traces de trépanation : les trous dans le crâne avaient probablement pour but de laisser échapper les mauvais esprits. Le début de cicatrisation osseuse semble prouver qu'on ne succombait pas forcément à ce traitement. La craniotomie, méthode comparable utilisée en chirurgie moderne, permet de réduire la pression intracrânienne en cas d'hémorragie cérébrale.

SACRIFICES
Dans certaines civilisations anciennes, les sacrifices animaux et humains étaient courants. Les Aztèques, qui dominaient l'actuel Mexique aux XIVe et XVe siècles, croyaient pouvoir s'attirer les faveurs de Huitzilopochtli, dieu de la Guerre et du Soleil, en lui faisant chaque jour offrande de sang frais, de membres et de cœurs humains. Ces rituels les familiarisèrent avec l'anatomie.

L'EMBAUMEMENT
Dans l'Égypte ancienne, dès 3000 av. J.-C., on croyait à une vie dans l'au-delà : c'est pourquoi le corps d'un défunt était momifié. Les viscères étaient retirés et placés dans des vases canopes, puis la dépouille était traitée au natron (silicate de soude et d'alumine) pour l'empêcher de se décomposer. Enfin, le corps était enduit d'onguents parfumés et enveloppé de bandelettes, avant d'être déposé dans la tombe.

Les viscères (intestin, estomac, foie, rate, reins et poumons), retirés via une petite incision latérale, étaient conservés à part dans les vases canopes.

Le cerveau était extrait par les narines à l'aide d'un crochet et n'était pas conservé.

Le cœur, siège de l'âme, était laissé en place dans la cage thoracique.

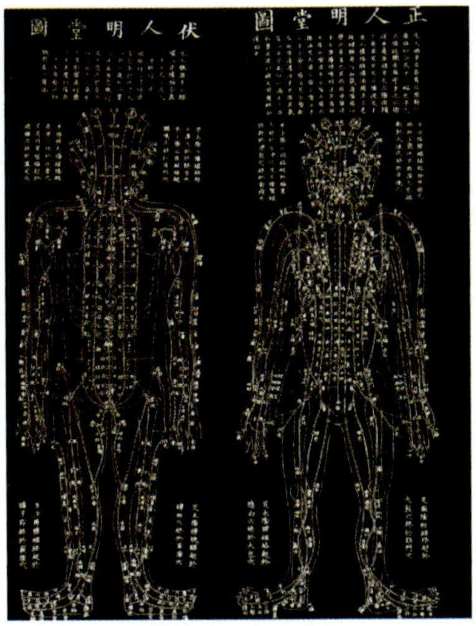

LES MÉRIDIENS

Paru en Chine il y a plus de 2 300 ans, le *Classique de la médecine interne de l'Empereur jaune* décrit certaines parties du corps mais reste vague sur l'anatomie en général. Y sont exposés les principes de l'acupuncture. Cette méthode thérapeutique agit sur le Qi – énergie vitale invisible – au moyen d'aiguilles piquées sur le parcours des 12 méridiens principaux, ce qui permet de rééquilibrer les forces Yin (froid et femelle) et Yang (chaud et mâle).

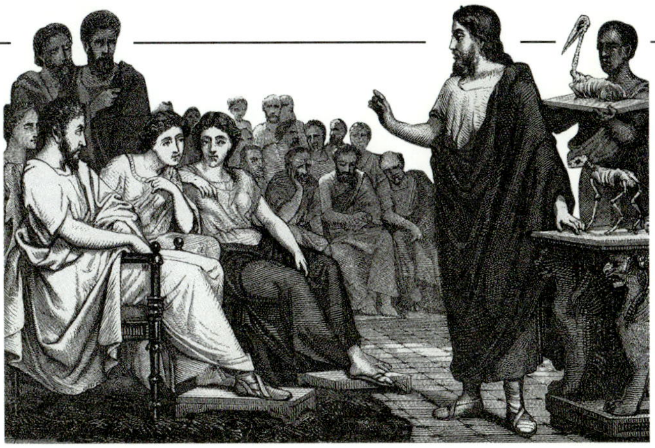

CLAUDE GALIEN

Né en Grèce, Claude Galien a passé une grande partie de sa vie à Rome, où il se consacra à l'étude de l'anatomie, de la physiologie et de la médecine. Jeune médecin chargé de soigner les gladiateurs, il considérait les plaies comme autant de fenêtres sur l'intérieur du corps. La dissection humaine étant alors interdite (p. 10-11), il fit la plupart de ses observations sur des cadavres d'animaux, pensant pouvoir en tirer des conclusions valables pour l'être humain. D'où, malgré des découvertes importantes, un certain nombre d'erreurs majeures qui allaient perdurer durant près de quinze siècles.

MÉDECINE MÉDIÉVALE

Au Moyen Âge, la saignée, pratiquée avec une lancette ou des sangsues, était employée dans le traitement de la plupart des maladies. Les médecins ne se souciaient pas de savoir si le patient en tirait un quelconque bénéfice. Avant le XVIIe siècle, il n'existait d'ailleurs aucun moyen d'évaluer l'efficacité d'un traitement sur le long terme.

Médecine

Galien eut une grande influence sur l'Occident et le monde islamique pendant plusieurs siècles.

Hippocrate disait que les médecins doivent agir pour le bien de leurs patients.

L'anatomiste perse Avicenne s'inspira de l'enseignement des Romains et des Grecs.

SAUVÉE DE L'OUBLI

Cette gravure est tirée d'une traduction de 1610 du *Canon de la médecine*, encyclopédie médicale rédigée vers 1025 par le médecin perse Avicenne, qui fut le premier à pratiquer la médecine expérimentale, testant sur ses patients de nouveaux remèdes afin d'en étudier les effets. Avicenne était l'héritier de Galien et d'Hippocrate, dont les œuvres n'ont survécu que parce qu'elles furent traduites en persan et diffusées dans le monde arabe. Leurs théories furent réintroduites en Occident au VIIIe siècle avec la diffusion de l'Islam jusqu'en Espagne.

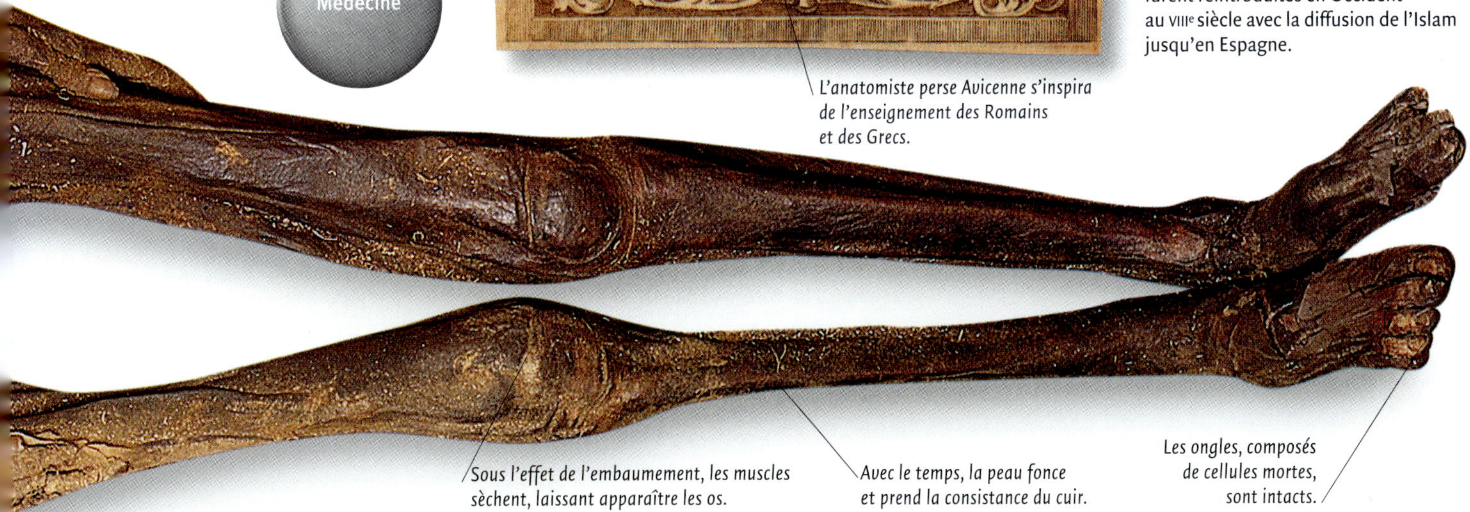

Sous l'effet de l'embaumement, les muscles sèchent, laissant apparaître les os.

Avec le temps, la peau fonce et prend la consistance du cuir.

Les ongles, composés de cellules mortes, sont intacts.

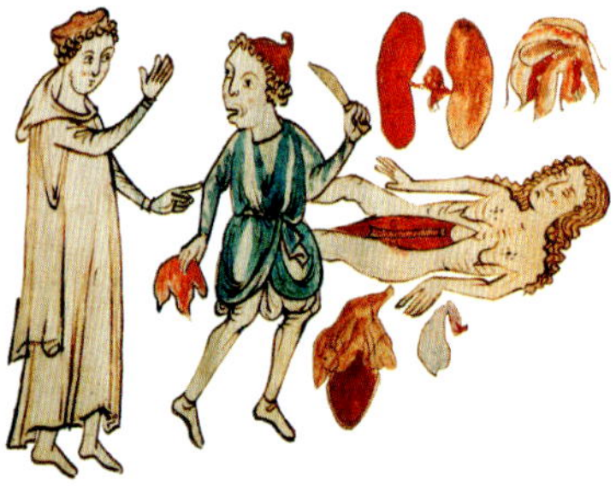

LE CULTE DE L'AU-DELÀ
Au Moyen Âge, la vie était peu de chose au regard de ce qui suivait – la mort et l'espoir du Paradis. Le corps était considéré comme une enveloppe temporaire, et l'intérêt, même scientifique, qu'on pouvait lui porter comme impie. La dissection était prohibée, ceux qui s'y risquaient encouraient de graves châtiments.

ÉTUDE ET DISSECTION

Durant tout le Moyen Âge (du Ve au XVe siècle), les traités anatomiques de Galien firent autorité. Or la doctrine de Galien (p. 8-9) comportait des erreurs, puisque les seules sources d'observation de ce médecin étaient les cadavres d'animaux et les blessures des gladiateurs. Les obstacles à la dissection, pratique consistant à ouvrir le corps pour en étudier la structure interne, venait autant des médecins, qui ne juraient que par Galien, que de la société, dont les traditions païennes, relayées par l'Église, empêchait de toucher au cadavre d'une personne. L'anatomiste italien André Vésale (1514-1564), sur la base de dissections méthodiques, fut le premier à dresser une cartographie exacte de l'anatomie interne. En remettant en cause et en corrigeant la doctrine de Galien, il révolutionna la connaissance du corps humain et ouvrit une nouvelle ère médicale.

Médecine

LES THÉÂTRES ANATOMIQUES
Bien que resté proche du galénisme, Mundino dei Luzzi (v. 1270-1326), professeur à l'université de Bologne, en Italie, est célèbre pour avoir décrit les autopsies des corps humains qu'il faisait. Son manuel, *Anatomi*, paru en 1316, fera autorité jusqu'à Vésale.
À la fin du XVIe siècle, la curiosité pour le corps s'était emparée des esprits, et des théâtres anatomiques allaient ouvrir dans plusieurs universités, comme à Leyde, aux Pays-Bas, ainsi qu'on le voit sur cette gravure de 1610. Le public, installé dans les gradins, assistait aux dissections réalisées par le professeur d'anatomie ou son assistant.

Cadre en métal épais et robuste

Vis pour bloquer ou remplacer la lame

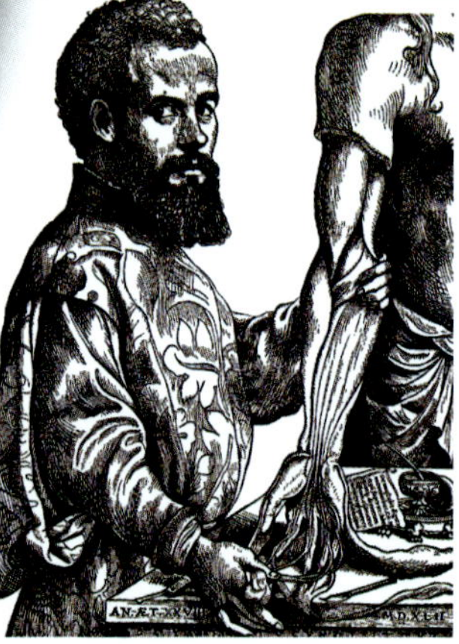

RUPTURE AVEC LA TRADITION
Au XVIe siècle, la ville italienne de Padoue était à la pointe de la médecine et de l'anatomie. André Vésale, dont le talent fut rapidement reconnu, y vint en 1536 et fut nommé l'année suivante professeur d'anatomie. Après avoir traduit plusieurs textes anciens, il comprit qu'il fallait revoir les connaissances médicales et anatomiques en vigueur. Décidé à ne se fier qu'à ses propres observations, il rédigea un livre (p. 6), et entra comme médecin à la cour d'Espagne.

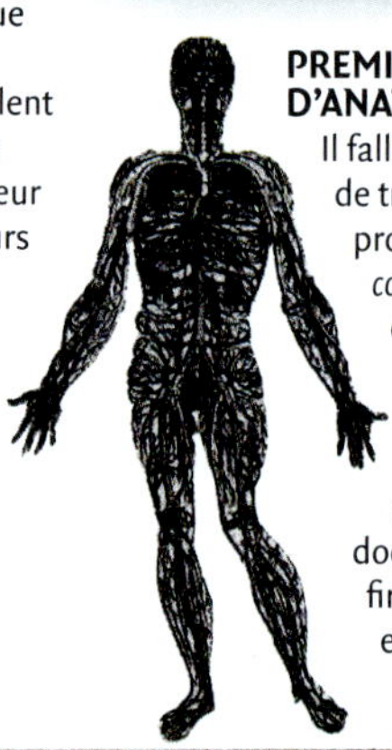

PREMIER LIVRE D'ANATOMIE SCIENTIFIQUE
Il fallut à Vésale quatre années de travail intensif pour produire son *De humani corporis fabrica*, paru en 1543. Les illustrations troublantes de réalisme et les descriptions très détaillées, qui s'opposaient aux doctrines traditionnelles, firent sensation et scandale.

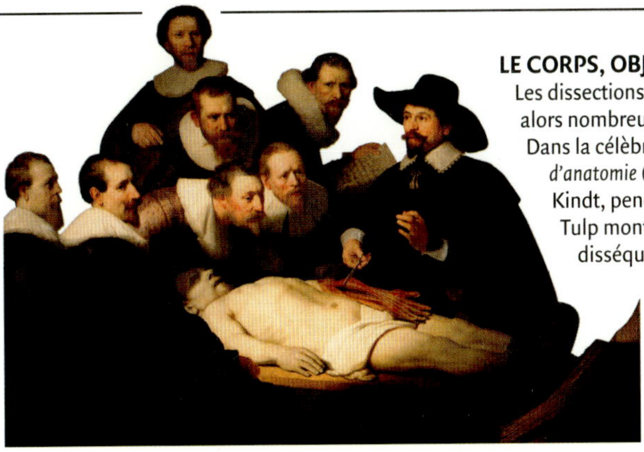

LE CORPS, OBJET D'ÉTUDE

Les dissections s'effectuaient sur des condamnés, alors nombreux, exécutés par pendaison. Dans la célèbre toile de Rembrandt *La Leçon d'anatomie* (1632), l'objet de dissection est Aris Kindt, pendu pour vol. On y voit le docteur Tulp montrant à ses élèves, sur l'avant-bras disséqué, comment fonctionnent les fléchisseurs des doigts. Bien que destinées à la formation des médecins et chirurgiens, les leçons d'anatomie étaient ouvertes à toute personne intéressée.

LES FEMMES ET L'ANATOMIE

Jusqu'à la fin du XIXe siècle, l'étude des structures et fonctions corporelles était presque exclusivement réservée aux hommes. Les femmes jouaient un rôle secondaire en médecine, à l'exception du métier de sage-femme qu'elles étaient seules à exercer. Ces Suédoises, photographiées vers 1880 lors d'une leçon d'anatomie, se destinaient probablement à cette profession.

Sonde double

Crochet

Scalpel

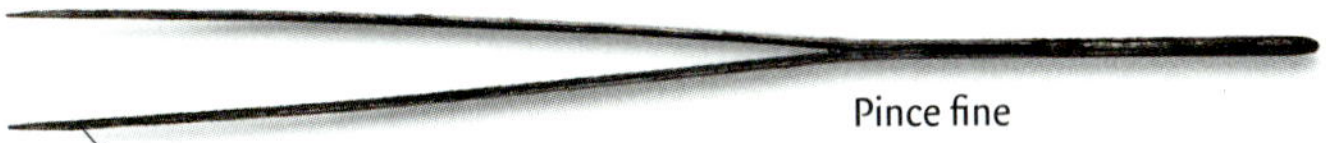

Pince fine

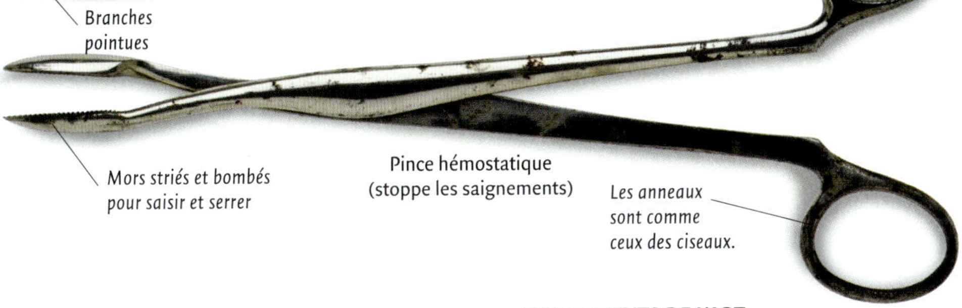

Pince hémostatique (stoppe les saignements)

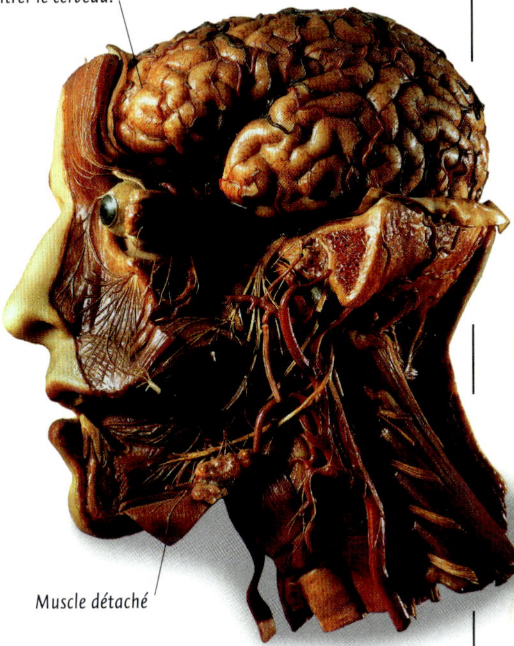

CIRE ANATOMIQUE

Modelé dans la cire et peint dans des couleurs réalistes, cet extraordinaire « écorché » montre la tête et le cou disséqués d'un homme – les muscles, les nerfs, les vaisseaux et le cerveau sont apparents. Aux XVIIIe et XIXe siècles, les étudiants en médecine s'initiaient à l'anatomie sur ce type de modèle.

INSTRUMENTS DE L'ART

Ces instruments chirurgicaux du XIXe siècle descendent des couteaux, ciseaux, scies et sondes utilisés à la Renaissance par des anatomistes comme Vésale. Les chirurgiens actuels se servent d'outils comparables, mais en beaucoup plus grand nombre, et utilisent aussi des instruments modernes, tels que les scies électriques ou le scalpel laser. Chaque objet a sa fonction, comme couper un gros os ou sonder les nerfs et les petits vaisseaux.

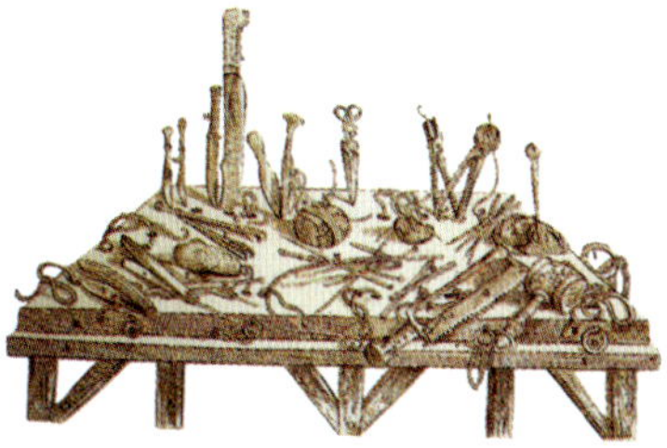

Instruments représentés dans la deuxième édition du livre de Vésale, parue en 1555

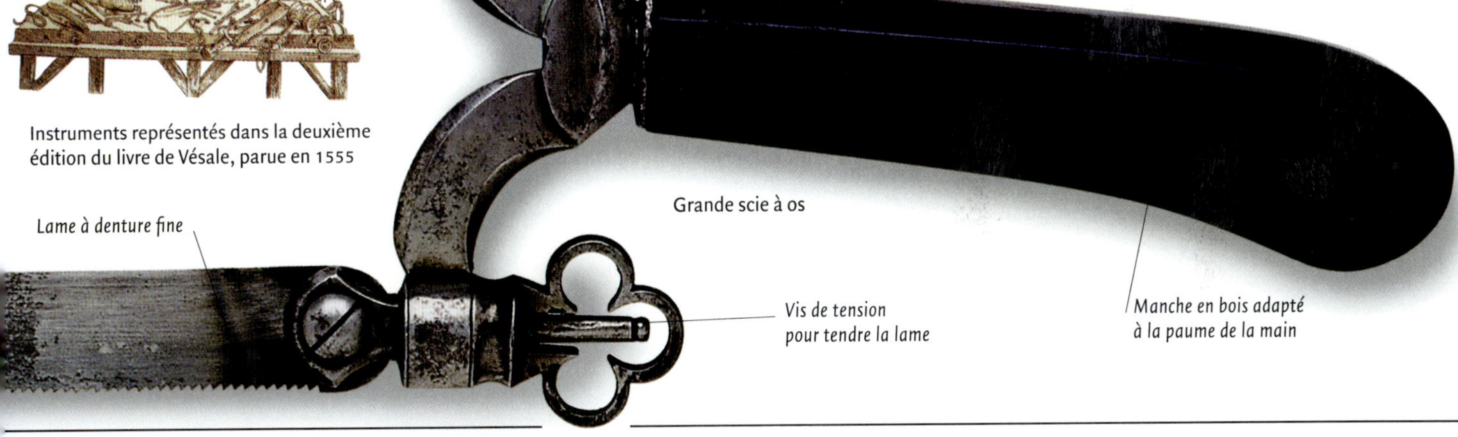

Grande scie à os

Le corps vu au microscope

PIONNIER DE L'HISTOLOGIE
Le naturaliste italien Marcel Malpighi (1628-1694), fondateur de l'anatomie microscopique, fut un des pionniers dans l'étude des tissus. C'est lui qui le premier identifia les capillaires sanguins, minuscules vaisseaux reliant les veines aux artères, et décrivit les unités de filtration des reins. En 1668, Malpighi fut le premier Italien à être élu membre de la Société royale d'Angleterre.

À la toute fin du XVIe siècle, des lunetiers hollandais inventent un appareil grossissant qui signe le début du microscope. Pour la première fois, les savants peuvent, grâce à un système d'éclairage et de lentilles en verre, observer des objets invisibles à l'œil nu. En fabriquant leur propre instrument, les naturalistes Antoni Van Leeuwenhoek et Marcel Malpighi feront partie des pionniers de la microscopie. Ils montreront que les êtres vivants se composent de tout petits éléments, entités que Robert Hooke (1635-1703), membre fondateur de la Société royale d'Angleterre (société scientifique prestigieuse qui existe toujours), allait baptiser « cellules » en 1665 après avoir constaté la présence dans un tissu végétal de structures cubiques microscopiques rappelant les cellules des moines dans les monastères. Le terme sera conservé. Au XXe siècle, un nouveau type de microscope, utilisant non plus la lumière mais des électrons, est mis au point. Il permet d'explorer la structure et le fonctionnement des cellules.

Microscope

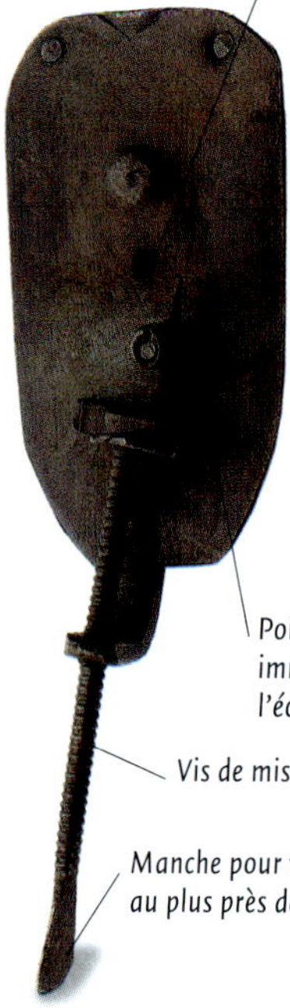

LENTILLES MAISON
À l'époque de Van Leeuwenhoek, les microscopes possédaient généralement deux lentilles, comme celui de la photo ci-contre. Sa version à lui, montrée ci-dessus grandeur nature, n'en avait qu'une seule, toute petite, dont il n'a jamais dévoilé le secret de fabrication. Son système produisait des images très précises. C'est ainsi qu'il put observer cellules, tissus et petits organismes grossis 275 fois. Van Leeuwenhoek fabriqua 400 microscopes au total, contribuant à faire de la microscopie une discipline scientifique à part entière.

UN OBSERVATEUR ÉCLECTIQUE
Drapier de son état, le savant autodidacte hollandais Antoni Van Leeuwenhoek (1632-1723) fut le premier à observer, avec un microscope de sa fabrication, les cellules sanguines et les spermatozoïdes. En 1683, il découvrit sur du tartre provenant de ses propres dents la première bactérie jamais observée. La Société royale d'Angleterre publia nombre de ses descriptions et l'admit finalement en son sein.

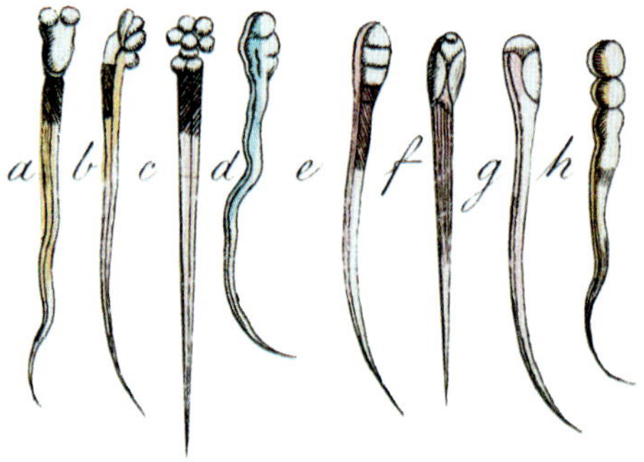

VUES MICROSCOPIQUES DESSINÉES
Aujourd'hui, la photographie est communément utilisée pour garder trace de ce qui est observé au microscope. Les premiers microscopistes, comme Malpighi, Van Leeuwenhoek ou Hooke, dessinaient et consignaient par écrit ce qu'ils voyaient. Ce dessin de Van Leeuwenhoek est la première représentation de spermatozoïdes, l'une de ses principales découvertes.

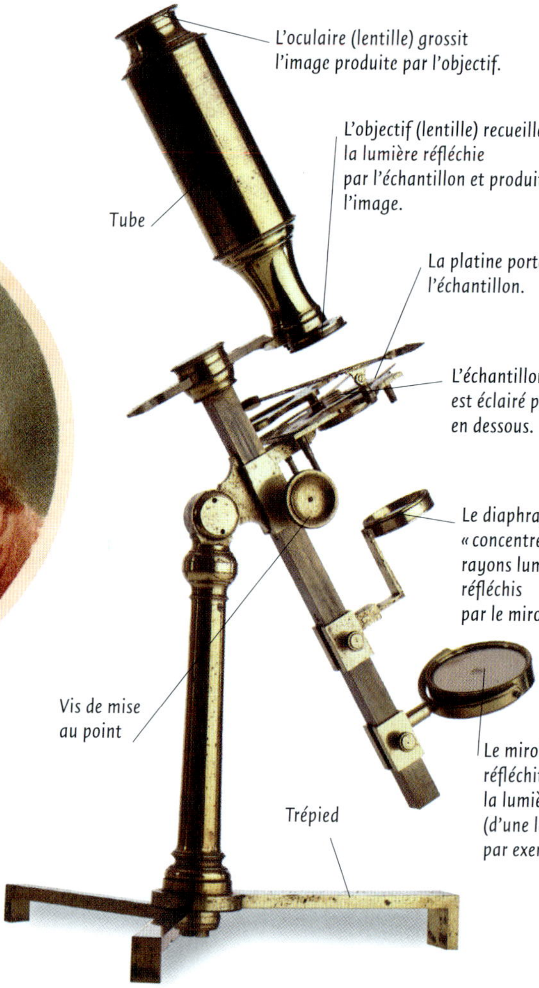

LE MICROSCOPE COMPOSÉ
Le microscope de Van Leeuwenhoek est dit simple car il possède une seule lentille, mais la plupart des microscopes optiques – qui utilisent la lumière pour éclairer l'échantillon – sont composés, puisque munis d'au moins deux lentilles. Ce modèle du XIXe siècle présente les mêmes caractéristiques que les microscopes actuels. La mise au point se fait en réglant la hauteur de la platine, tandis que dans les modèles plus récents c'est le tube qui bouge. L'échantillon est étalé afin que la lumière puisse passer à travers et se projeter sur la rétine de l'œil, via la lentille.

À L'INTÉRIEUR D'UNE CELLULE

Cette vue en coupe d'une cellule humaine montre les éléments visibles au microscope électronique. Une fine membrane entoure l'ensemble. Dans le cytoplasme gélatineux baignent des structures appelées organites (petits organes), qui jouent chacune un rôle spécifique. Le noyau, au centre, renferme l'information nécessaire au fonctionnement de la cellule. À chaque seconde, cytoplasme, organites et noyau sont le théâtre de milliers de réactions chimiques vitales qui forment le métabolisme cellulaire. Malgré leur variété de taille, de forme et de fonction, toutes les cellules ont la même structure de base et le même métabolisme.

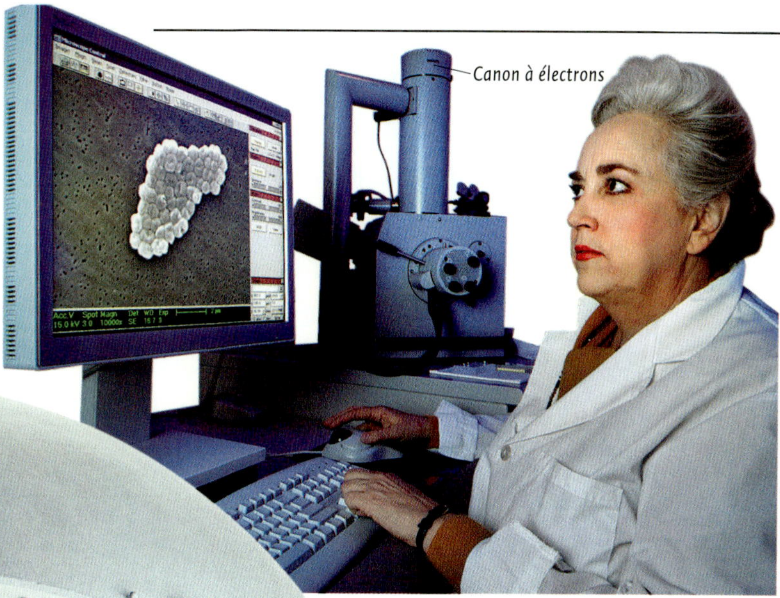

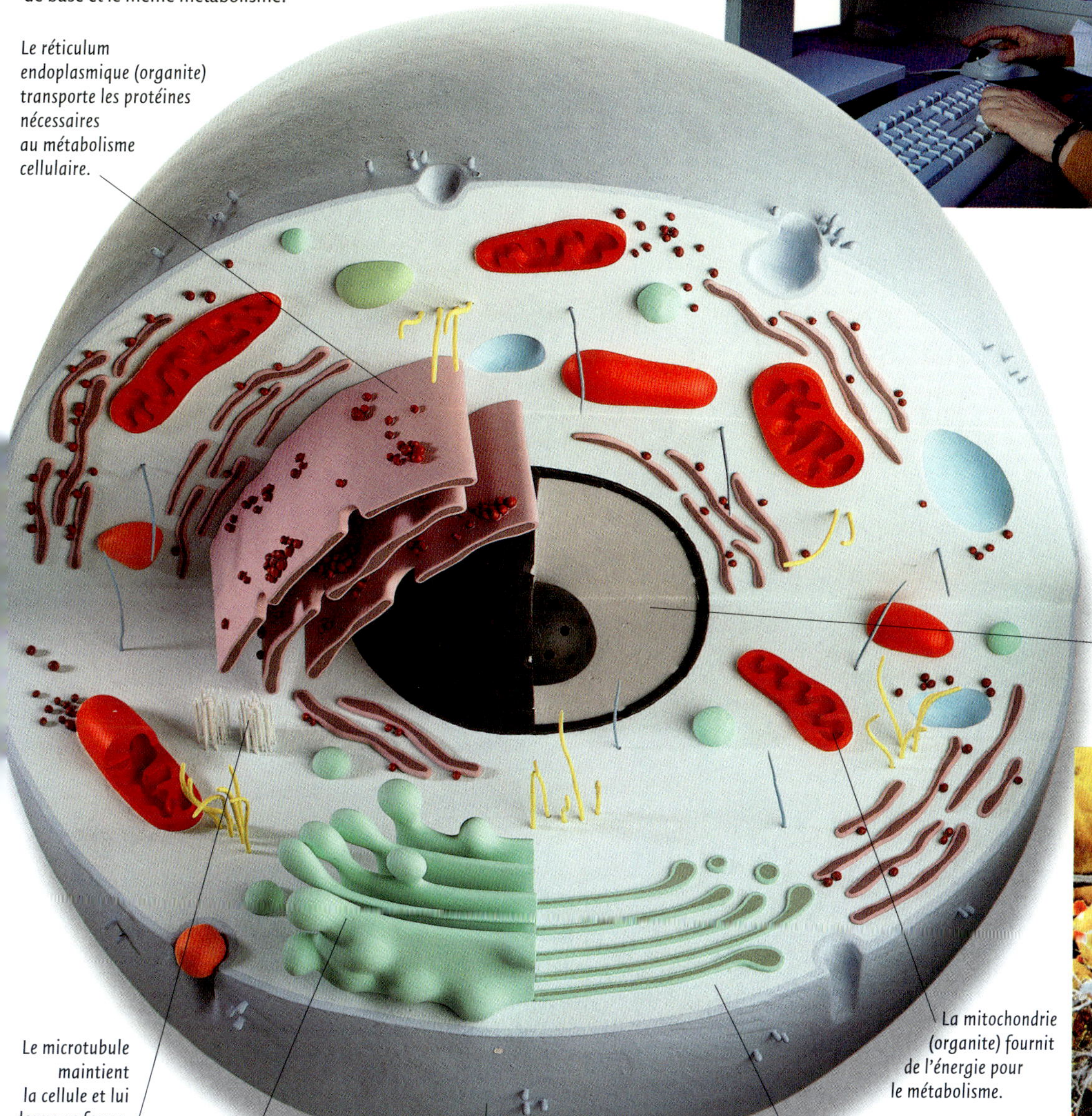

LE MICROSCOPE ÉLECTRONIQUE

Le microscope électronique utilise des électrons – petites particules atomiques – pour obtenir une image grossie des milliers, voire des millions de fois. Cela permet de distinguer des détails non perçus au microscope optique. Le faisceau d'électrons émis par le canon est dirigé sur l'échantillon au moyen d'aimants. Des détecteurs analysent les électrons qui traversent la cible ou rebondissent sur elle, puis produisent une image, qui s'affiche sur un écran d'ordinateur.

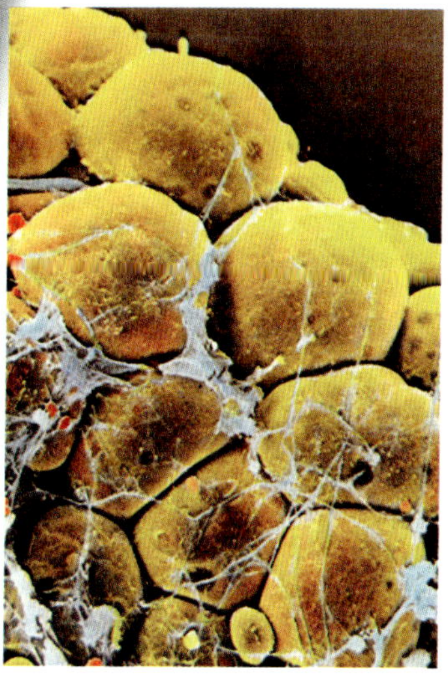

SURFACE DE CELLULE

Dans un microscope électronique à balayage (MEB), le faisceau balaye la surface de l'échantillon, qui renvoie un certain nombre d'électrons. Les particules réémises produisent une image en trois dimensions en noir et blanc. Le cliché ci-dessus, dont les couleurs ont été ajoutées, montre la surface de cellules adipeuses arrondies grossie 530 fois.

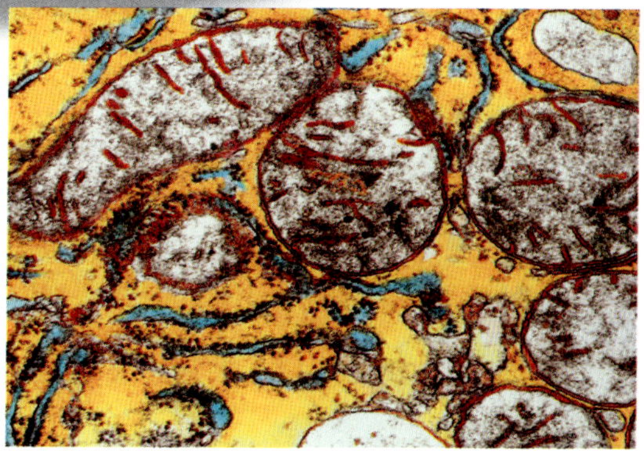

TRANCHE DE CELLULE

Dans un microscope électronique à transmission (MET), le faisceau d'électrons traverse une coupe tissulaire et se projette sur un écran situé en dessous. L'image ainsi produite est photographiée. Le cliché ci-contre, qui montre une cellule hépatique en coupe grossie 11 300 fois, a été colorié pour mettre en évidence les mitochondries (en blanc) et le réticulum endoplasmique (en bleu).

LE CORPS VU DE L'INTÉRIEUR

Jusqu'au XIXe siècle, la seule façon d'observer l'intérieur du corps était de l'ouvrir ou bien d'inspecter les plaies des soldats blessés. L'invention, en 1851, de l'ophtalmoscope, précurseur des instruments modernes, a permis aux médecins d'examiner pour la première fois l'intérieur de l'œil sans avoir à le trancher. En 1895, le physicien allemand Wilhelm Roentgen (1845-1923) découvre les rayons X et montre qu'on peut s'en servir pour produire des images des os à travers les chairs. Depuis 40 ans, la médecine et la recherche se sont dotées de nombreuses autres techniques d'imagerie permettant de visualiser les tissus, de rechercher les signes de maladie et de mieux comprendre comment le corps fonctionne.

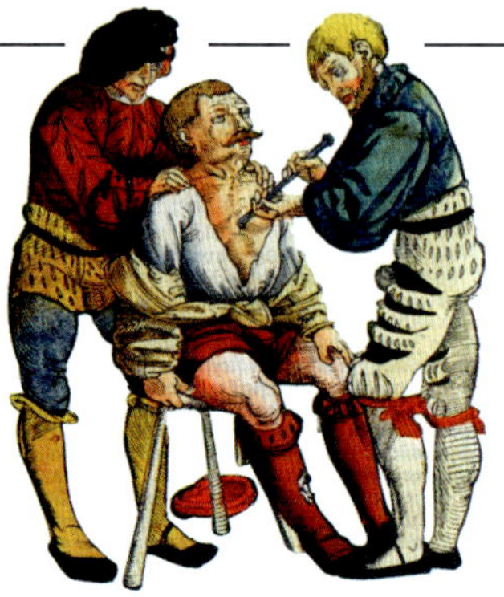

BLESSURES DE GUERRE
Cette illustration tirée d'un traité de médecine allemand de 1540 montre un chirurgien extrayant une flèche de la poitrine d'un soldat. Les blessures reçues sur les champs de bataille étaient l'occasion pour le corps médical d'observer les tissus et les organes internes.

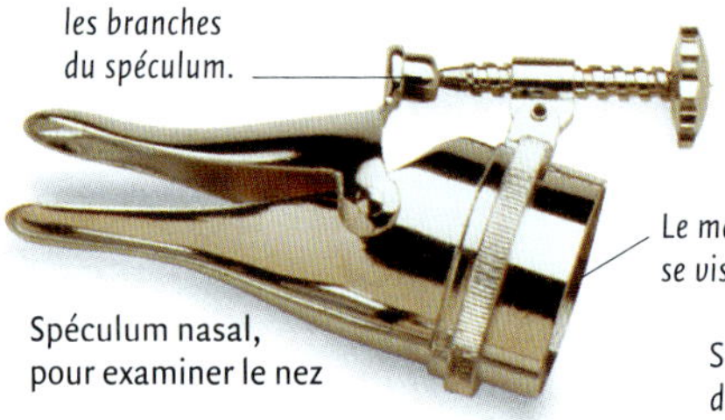

Spéculum nasal, pour examiner le nez

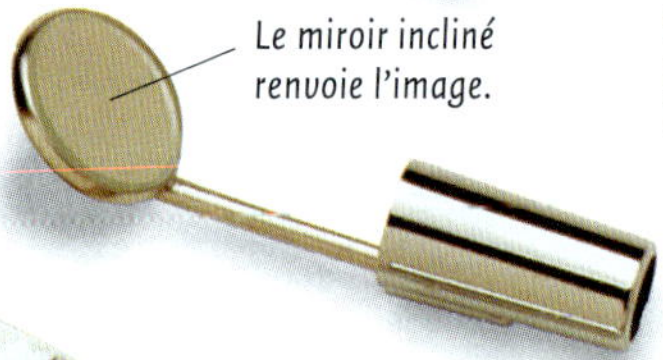

Miroir laryngé, pour la laryngoscopie

Abaisse-langue, pour la laryngoscopie

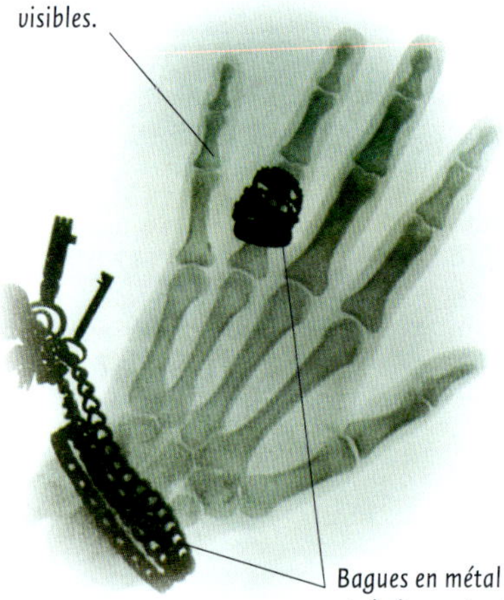

MYSTÉRIEUX RAYONS
Cette radio datant de 1896 fut obtenue par Wilhelm Roentgen par la projection de rayons X sur une plaque photographique avec la main de son épouse dans le champ de mire. Les matières dures – os et métal – qui absorbent les rayons apparaissent clairement, tandis que les tissus mous, simplement traversés, sont invisibles.

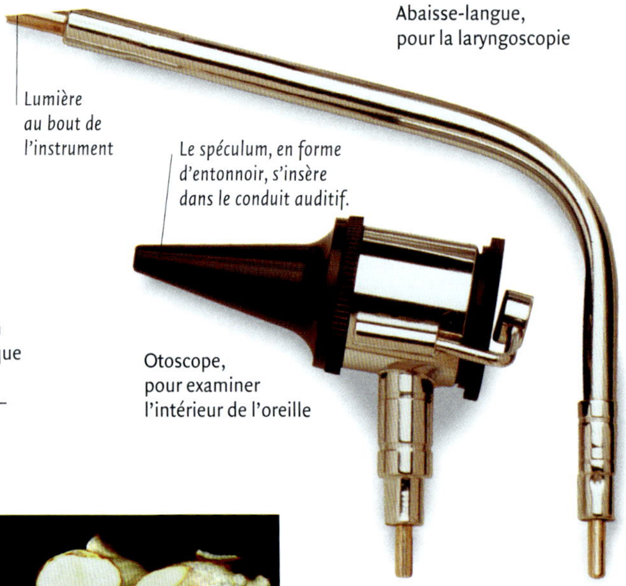

Otoscope, pour examiner l'intérieur de l'oreille

Laryngoscope, pour examiner la gorge

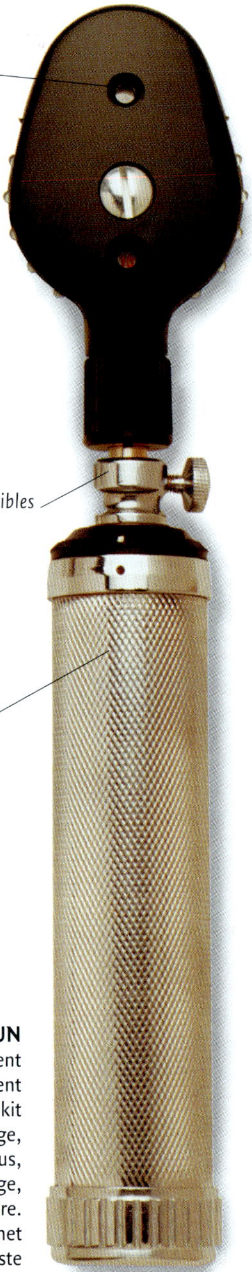

Ophtalmoscope

QUATRE EN UN
Les médecins généralistes disposent aujourd'hui d'un instrument polyvalent pour examiner l'intérieur du corps. Le kit consiste en un manche à piles, pour l'éclairage, et diverses pièces amovibles à visser dessus, servant à inspecter le conduit auditif, la gorge, les fosses nasales ou le globe oculaire. L'ophtalmoscope, par exemple, permet d'éclairer l'intérieur de l'œil. La lentille s'ajuste pour cibler les différentes structures intra-oculaires et détecter les anomalies.

LE SCANNER
Le scanner utilise les rayons X pour fournir une image de l'intérieur du corps. Le patient est installé dans un cylindre rotatif d'où est émis un étroit faisceau de rayons X qui traverse l'organisme avant d'être capté par un détecteur. Les coupes en deux dimensions ainsi produites, sur lesquelles apparaissent distinctement tissus durs et tissus mous, sont assemblées par ordinateur pour former une image en trois dimensions de l'organe à examiner, comme ce cœur.

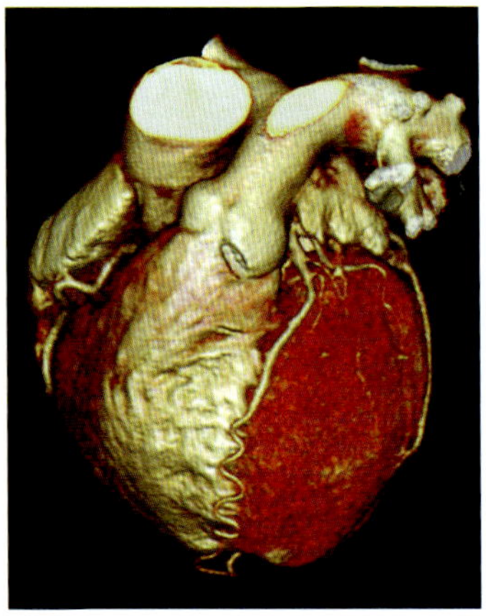

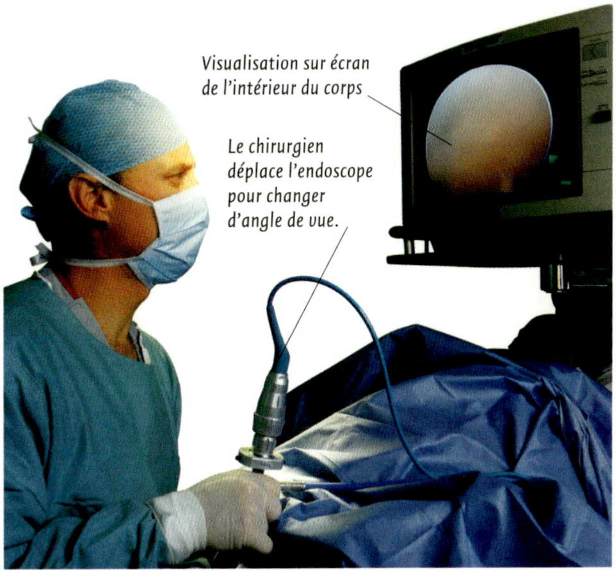

L'ENDOSCOPE

Pour examiner les tissus internes et inspecter l'intérieur des articulations, le chirurgien utilise un endoscope : un tuyau très fin est inséré dans le corps via un orifice naturel, comme la bouche, ou au travers d'une petite incision cutanée, comme sur la photo ci-contre. De longues fibres optiques contenues dans l'endoscope éclairent les cavités et envoient en retour des informations qui s'affichent à l'écran sous forme d'images.

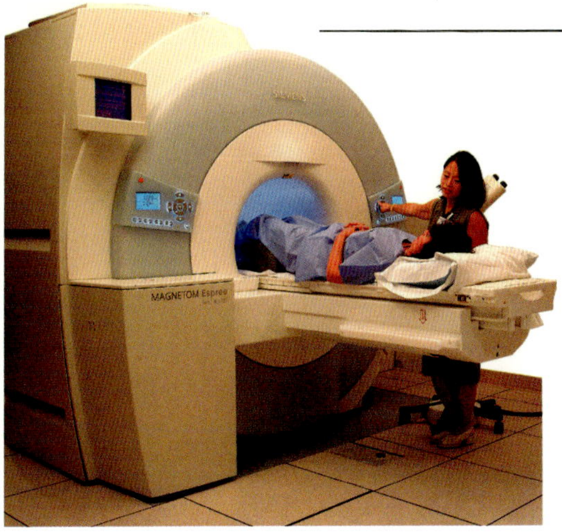

AIMANTS ET ONDES RADIO

L'imagerie par résonance magnétique (IRM) produit des images de tissus et d'organes à l'aide d'aimants et d'ondes radio. Le patient, allongé dans un cylindre, est soumis à un champ magnétique puissant qui provoque l'alignement des atomes d'hydrogène. Des vagues d'ondes radio viennent ensuite bousculer cet agencement. Lorsque le champ magnétique réaligne les atomes, ceux-ci émettent des petits signaux radio qui sont détectés et convertis en image par ordinateur.

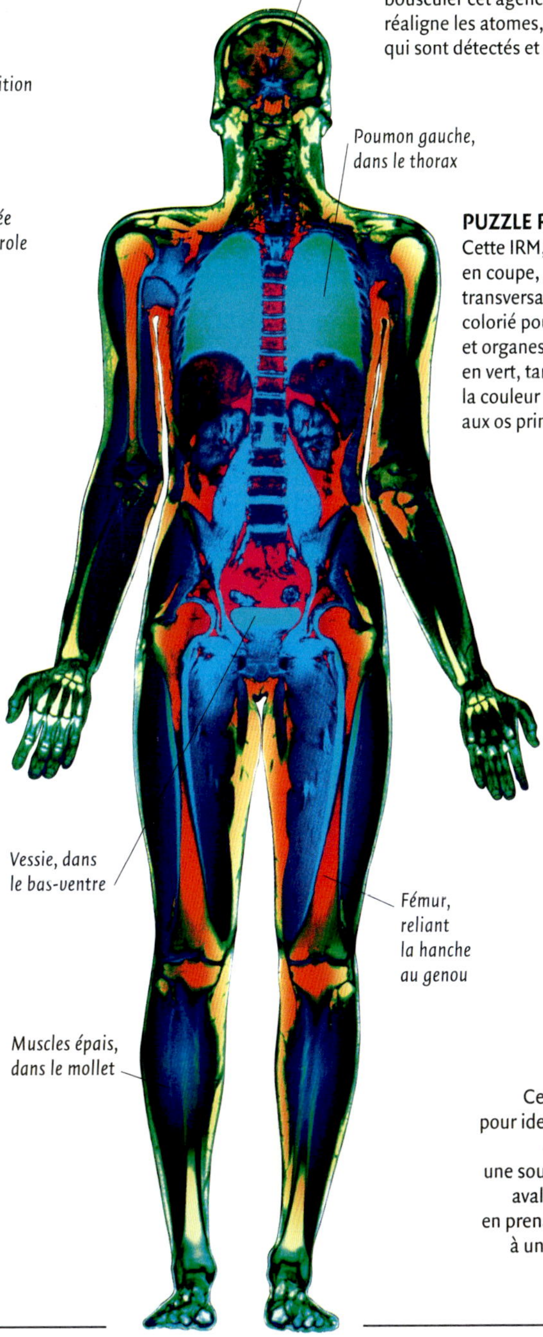

PUZZLE RADIO

Cette IRM, qui montre le corps d'un homme en coupe, se compose de centaines de clichés transversaux mis bout à bout. Le tout a été colorié pour faire ressortir les différents tissus et organes. Le cerveau, par exemple, apparaît en vert, tandis que les poumons sont en bleu, la couleur orange ayant, quant à elle, été affectée aux os principaux.

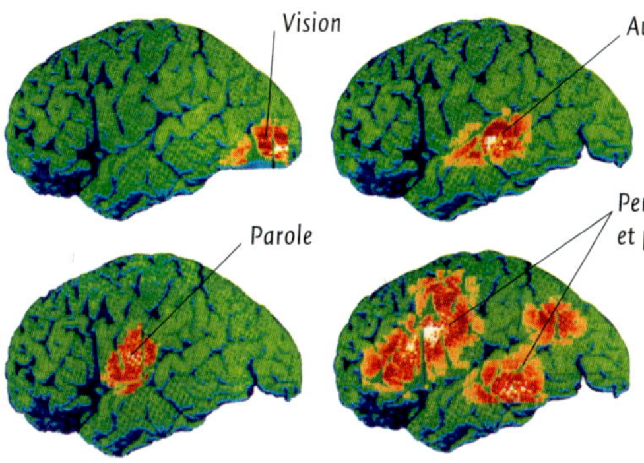

DES TISSUS ACTIFS

La tomographie par émission de positrons (TEP) montre l'activité de certains tissus. Une forme particulière de glucose (sucre) est tout d'abord injectée en intraveineuse pour fournir à l'organisme un maximum d'énergie. La consommation du glucose par les tissus provoque la libération de particules qui peuvent être détectées pour former une image. Les clichés ci-dessus indiquent les zones cérébrales actives (rouge/jaune) lorsqu'on voit, entend, parle ou pense. C'est grâce à ce genre de données que le cerveau a pu être cartographié (p. 29).

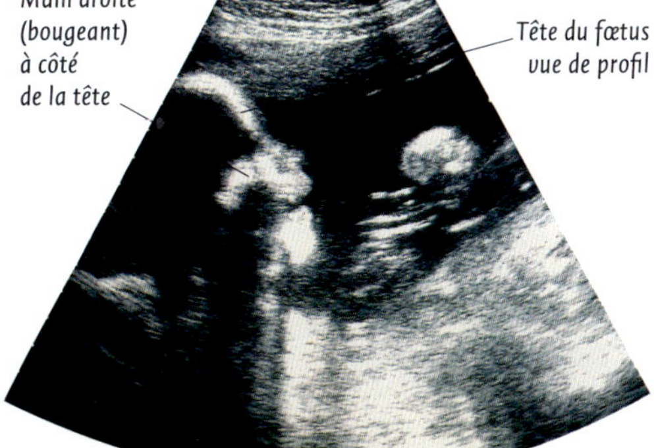

DE L'ULTRASON À L'IMAGE

L'échographie est un moyen totalement sûr de visualiser des éléments mobiles, comme ce fœtus dans le ventre de sa mère. Des ondes sonores inaudibles, de très haute fréquence, sont émises dans le corps et renvoyées par les tissus. L'écho est ensuite converti en image par un ordinateur.

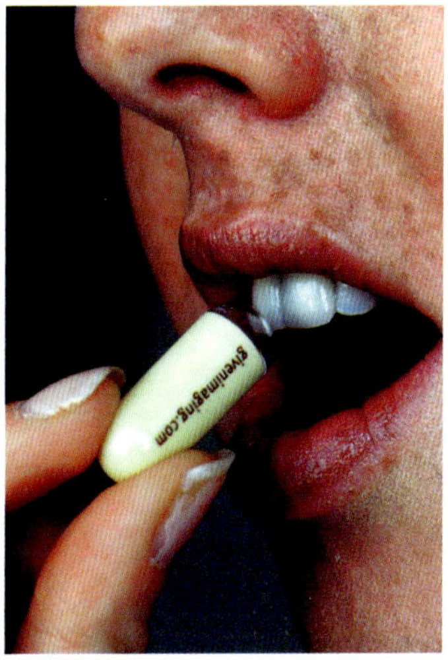

PILULE CAMÉRA

Cette capsule endoscopique peut être utilisée pour identifier d'éventuelles lésions ou pathologies digestives. Elle renferme une microcaméra, une source de lumière et un transmetteur. Une fois avalé, le dispositif parcourt le tube digestif tout en prenant des photos. Les images sont transmises à un récepteur externe de façon que le médecin puisse détecter les éventuelles anomalies.

LE SQUELETTE

Après la mort, les parties molles se décomposent pour ne plus laisser que le squelette, structure composée de 206 os. Durant la vie, cette structure mobile soutient le corps et lui donne sa forme générale, tout en entourant et protégeant les organes vitaux, tels que le cerveau ou le cœur, les empêchant d'être secoués ou écrasés. Les os servent par ailleurs à arrimer les muscles, lesquels permettent au corps de se mouvoir. Comme les os restent en bon état très longtemps après la mort, les anatomistes ont pu les étudier en détail, même aux époques où la dissection était prohibée. Aussi trouve-t-on dans les premiers traités de médecine des descriptions précises du squelette humain. De nos jours, les médecins et chercheurs disposent de techniques très avancées, comme le scanner, qui permettent d'examiner les os vivants.

SYMBOLE DE LA MORT
Le squelette a toujours symbolisé le danger, la maladie, la mort et la destruction – comme sur cette gravure du XVe siècle, intitulée *Danse des squelettes*. Au Moyen Âge, il n'était pas rare de laisser les corps des pendus suspendus à leur potence en signe d'avertissement.

COMPRENDRE LES OS
Longtemps la matière osseuse fut considérée comme dure et inerte, uniquement destinée à soutenir les tissus mous et actifs qui l'entouraient. Peu à peu, les anatomistes s'aperçurent que les os, bien que rigides, sont irrigués et innervés, donc également vivants. Ci-dessus, Gui de Chauliac, chirurgien de renom et auteur du traité *Chirurgica magna* (1363), inspecte une fracture.

LA BIOMÉCANIQUE
Le squelette obéit à divers principes mécaniques. Le bras, composés de trois os long articulés entre eux, peut, par exemple, se déplier pour avancer la main ou se replier pour la ramener. Les ingénieurs se sont inspirés de ces principes pour concevoir des machines, telles ces grues.

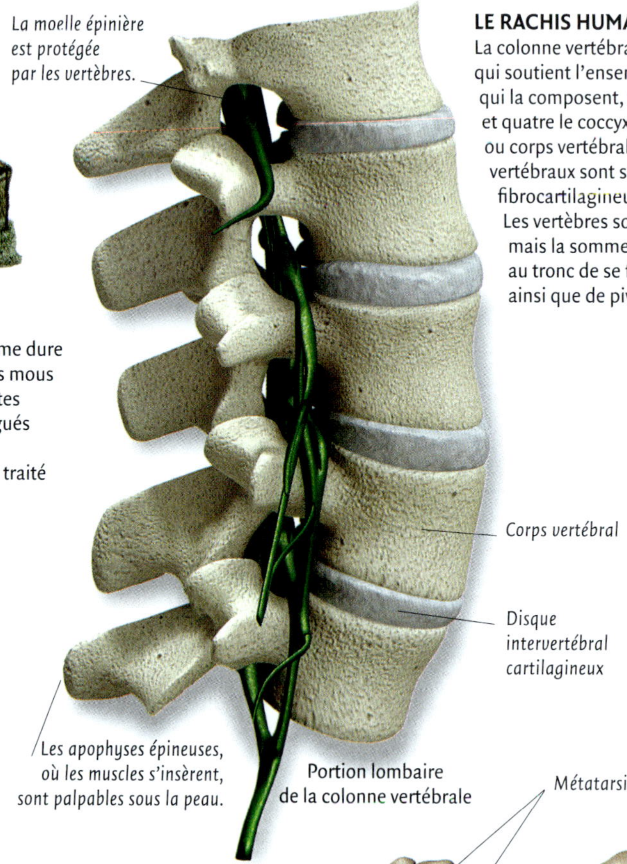

Portion lombaire de la colonne vertébrale

LE RACHIS HUMAIN
La colonne vertébrale, ou rachis, est une longue tige d'os empilés qui soutient l'ensemble du squelette. Sur les 33 vertèbres qui la composent, neuf sont soudées (cinq forment le sacrum et quatre le coccyx). Chacune des vertèbres possède un centre ou corps vertébral, sur lequel repose le poids du corps. Les corps vertébraux sont séparés les uns des autres par des disques fibrocartilagineux (p. 21) qui amortissent les chocs. Les vertèbres sont relativement peu mobiles entre elles, mais la somme de tous ces petits mouvements permet au tronc de se fléchir vers l'avant, l'arrière et les côtés, ainsi que de pivoter.

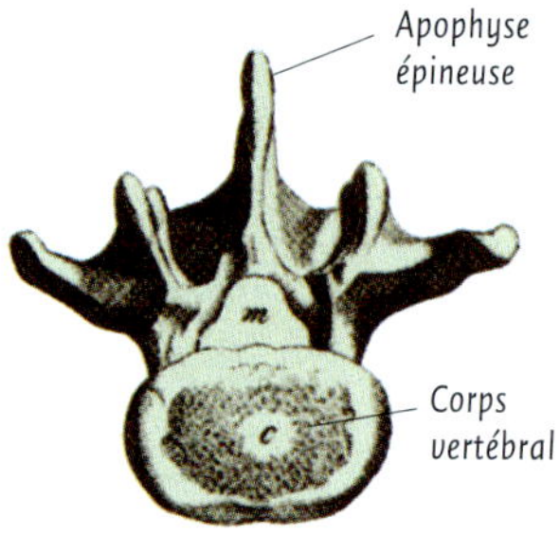

Dessin du début du XIXe siècle représentant une vertèbre lombaire vue du dessus

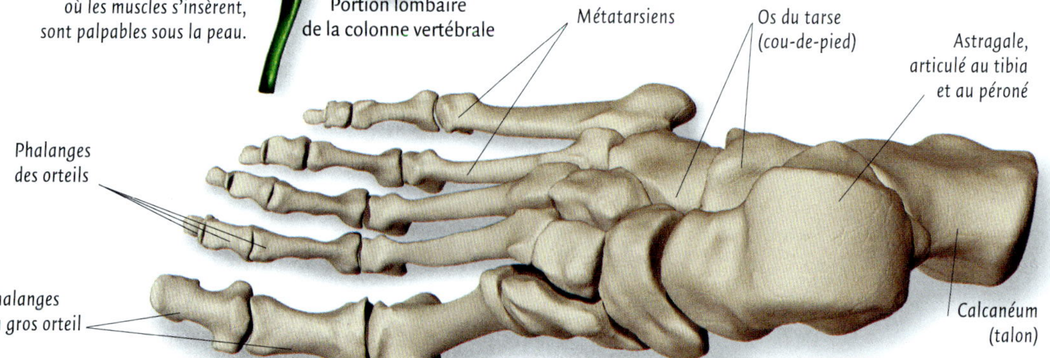

LES OS DU PIED
Les pieds, qui portent tout le poids du corps, comptent chacun 26 os : sept (très peu mobiles entre eux) pour le tarse (cou-de-pied), dont l'astragale et le calcanéum (talon) ; cinq pour le métatarse ; et trois pour chaque orteil à l'exception du gros, qui n'en a que deux.

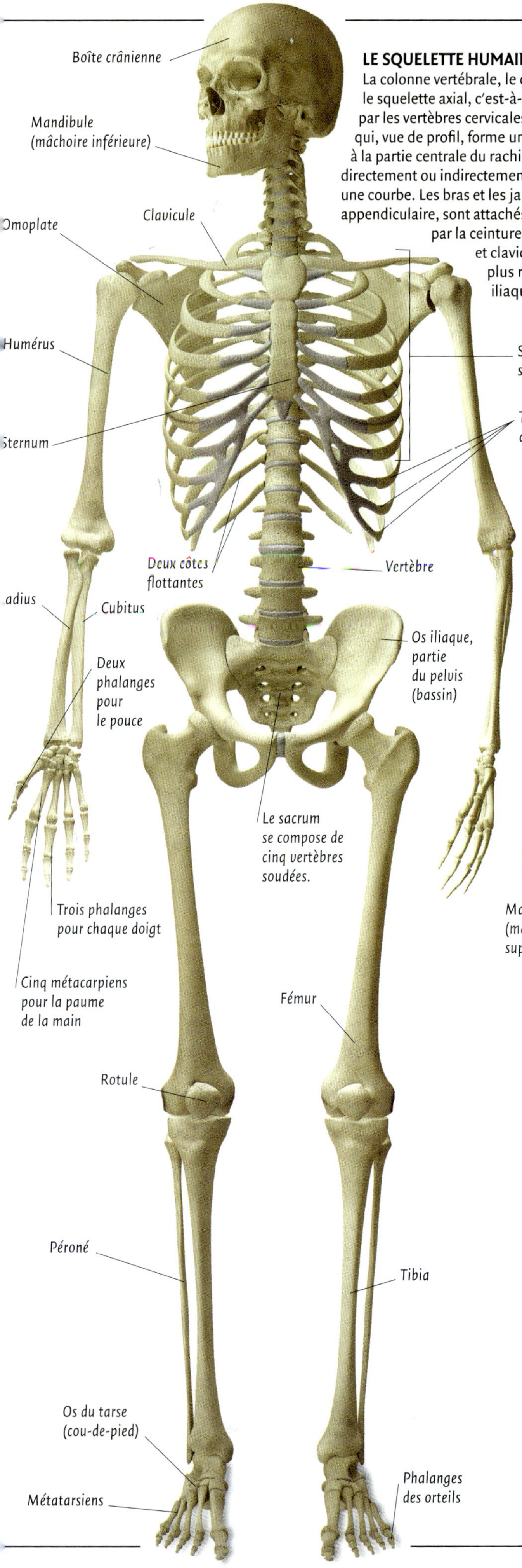

LE SQUELETTE HUMAIN

La colonne vertébrale, le crâne et les côtes forment le squelette axial, c'est-à-dire central. Le crâne, soutenu par les vertèbres cervicales, trône au sommet de la colonne, qui, vue de profil, forme un S. Les côtes sont attachées à la partie centrale du rachis et vont, pour la plupart, s'articuler directement ou indirectement sur le sternum, en décrivant une courbe. Les bras et les jambes, qui forment le squelette appendiculaire, sont attachés au squelette axial respectivement par la ceinture scapulaire, comprenant omoplates et clavicules, et la ceinture pelvienne, plus robuste, formée par les deux os iliaques, soudés l'un à l'autre.

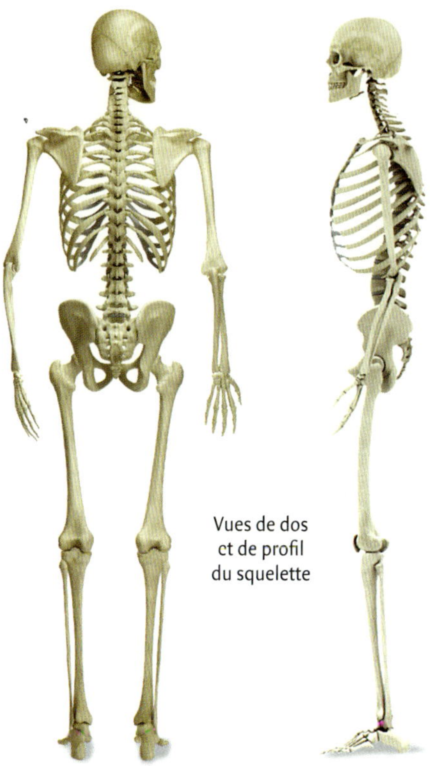

Vues de dos et de profil du squelette

@ Squelette

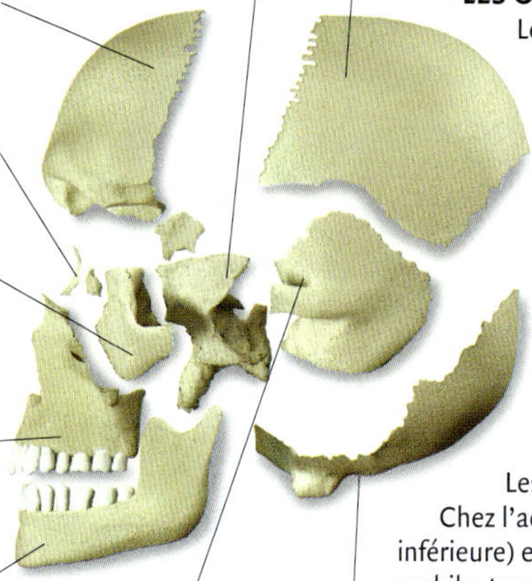

LES OS DE LA TÊTE

Le crâne est la partie la plus complexe du squelette. Il comprend 20 os, dont on voit ici les principaux. Huit d'entre eux – sphénoïdes, pariétaux, temporaux et occipitaux – forment la boîte crânienne, qui renferme l'encéphale. À l'intérieur de chacun des deux os occipitaux se trouvent les osselets, trois petits os impliqués dans l'ouïe. Les 14 os faciaux forment la face. Chez l'adulte, la mandibule (mâchoire inférieure) est le seul os de la tête à être mobile, tous les autres étant soudés.

À L'INTÉRIEUR DU CRÂNE

Le crâne forme un casque qui protège le cerveau, fragile, contre les coups et les chocs. Ci-contre, une vue en 3D de l'intérieur de la boîte crânienne d'une personne vivante obtenue par scanner : cette technique d'imagerie permet d'« ôter » le sommet du crâne et le cerveau afin d'observer les os imbriqués sur lesquels ce dernier repose. On voit à la base de la cavité une large ouverture par où sort la moelle épinière (p. 26-27). Une partie du crâne facial – orbites, os nasaux, os zygomatiques (joues) et mâchoire supérieure – est également visible.

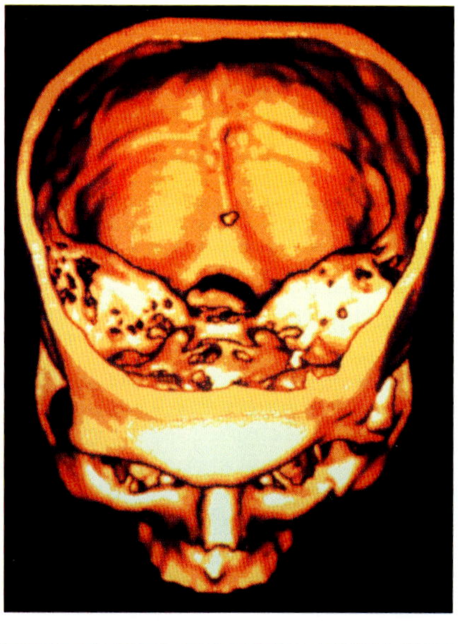

À L'INTÉRIEUR DES OS

Les ossements humains exposés dans certains musées peuvent donner l'impression d'objets secs et inertes. Pourtant, du vivant de la personne, les os sont des organes humides et actifs, composés de tissus durs, de vaisseaux sanguins et de nerfs. L'os, aussi robuste que l'acier pour un poids six fois moindre, possède une résistance, jusqu'à un certain point, aux chocs et aux secousses. Cela est dû à son extraordinaire architecture. Le tissu osseux est composé de fibres de collagène résistantes et souples – qu'on trouve aussi dans les tendons –, entourées de sels minéraux durs comme du roc. L'os dur et dense, dit os compact, ne constitue que la couche externe. L'intérieur est fait d'os spongieux, robuste mais léger, sans quoi le squelette serait beaucoup trop lourd.

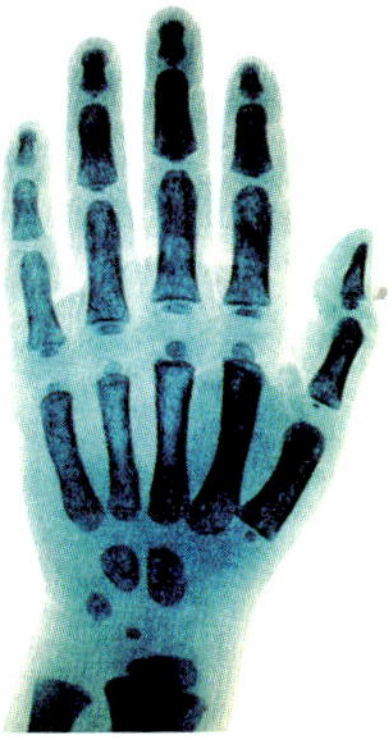

L'OSSIFICATION
Chez le fœtus, le squelette est formé de cartilage souple (p. 21). Avec le temps, des centres d'ossification apparaissent et se développent jusqu'à ce que le cartilage soit entièrement transformé en os. La radiographie de cette main d'enfant en bas âge montre les os en pleine croissance et les cartilages voués à être remplacés.

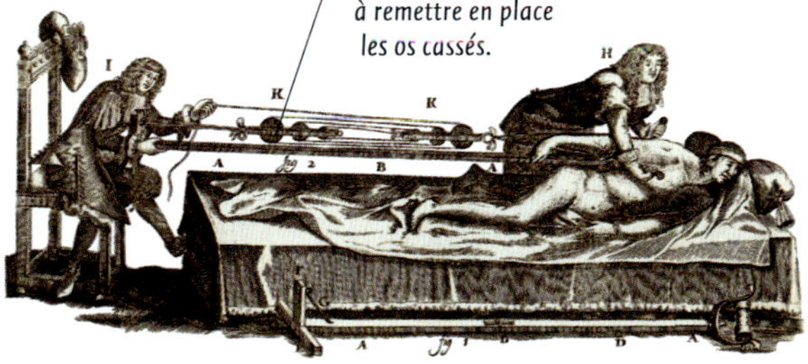

RÉPARER LES FRACTURES
La réduction des fractures, qui consiste à rétablir la continuité de l'os pour l'aider à se ressouder, est un art ancien, comme en témoignent des squelettes fossiles vieux de 100 000 ans. Ce dessin du XVIIe siècle représente des médecins remettant un bras cassé en place.

DES OS RÉSISTANTS
L'os résiste à de fortes pressions grâce à sa structure spécifique. Dans la hanche (vue ici en coupe), le col du fémur porte ainsi tout le poids du corps. La plus grande partie de cet os se compose d'os spongieux, dont les petites travées sont disposées de manière à résister aux forces venant du haut du corps. La fine couche superficielle d'os compact qui entoure le fémur est capable de résister aussi bien à la compression qu'à l'étirement.

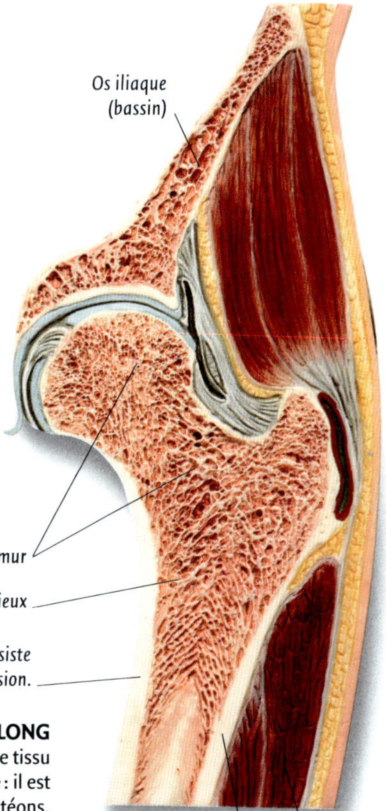

À L'INTÉRIEUR D'UN OS LONG
Cette coupe montre la structure d'un os long. Le tissu osseux compact forme la couche externe dure : il est constitué de tubes microscopiques, appelés ostéons, disposés en couches (p. 19) et servant de piliers porteurs. À l'intérieur se trouvent le tissu osseux spongieux, plus léger, et une cavité centrale remplie de moelle. Le périoste, membrane entourant l'os, est parcouru de vaisseaux.

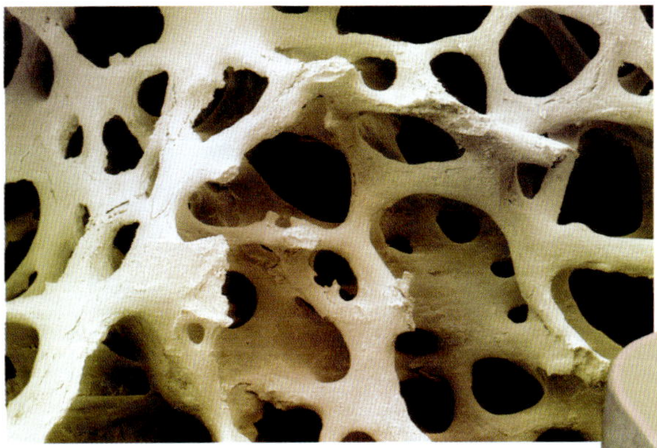

L'OS SPONGIEUX
Cette image du tissu osseux spongieux vu au microscope MEB montre une multitude de petites travées, ou trabécules, et d'alvéoles, ces dernières étant remplies de moelle osseuse chez le sujet vivant. Bien que la disposition des trabécules semble aléatoire, l'ensemble donne une très grande résistance. De par sa légèreté, le tissu osseux spongieux réduit le poids global de l'os.

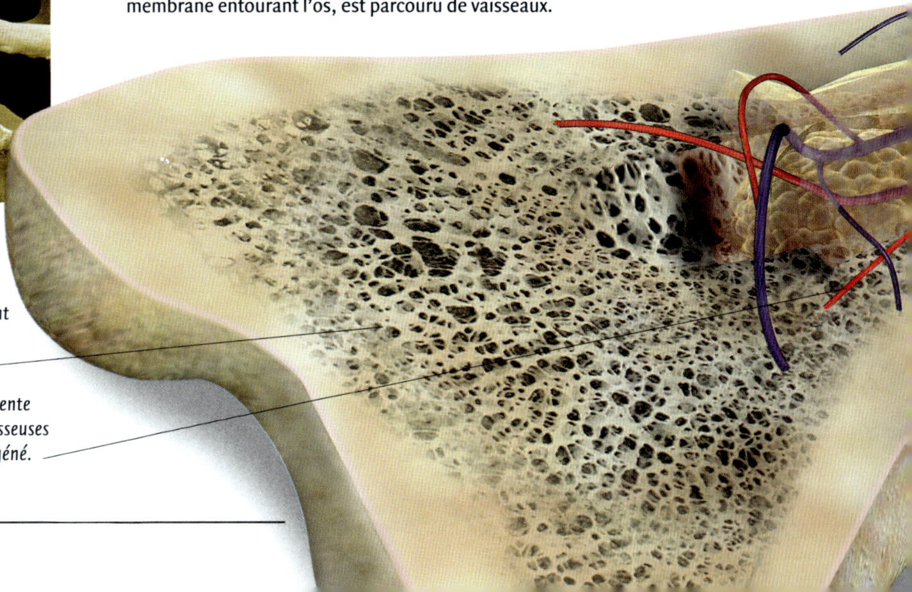

SPÉCIALISTE DES OS

Giovanni Ingrassia (1510-1580), médecin et professeur d'anatomie renommé, qui exerça d'abord à Naples, puis à Palerme, sa ville natale, est considéré comme l'un des fondateurs de l'ostéologie. Ses travaux permirent de corriger nombre d'idées fausses concernant les os. C'est à lui qu'on doit la découverte de l'étrier, le plus petit os du corps humain, situé dans l'oreille, ainsi que la première description de la disposition des os formant l'orbite de l'œil.

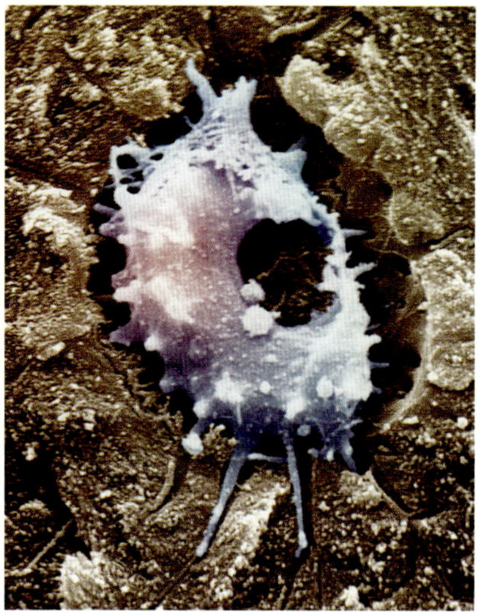

LA CELLULE OSSEUSE

Cette image au microscope MEB montre un ostéocyte à l'intérieur de sa lacune, minuscule cavité dans l'entrelacs de minéraux et de fibres formant l'os compact. Bien qu'isolés, les ostéocytes sont reliés entre eux par des prolongements filiformes.

LA MICROSTRUCTURE OSSEUSE

Ce modèle représente une coupe de tissu osseux compact vue au microscope. On y voit les ostéons, tubes de 0,25 mm de diamètre, dont la paroi est formée de lamelles et le centre parcouru de vaisseaux sanguins alimentant les ostéocytes (cellules osseuses) en nutriments et oxygène. Les ostéocytes entretiennent la structure de l'os, constituée de fibres de collagène (protéine) souples et de sels minéraux durs, principalement du calcium et du phosphate. L'association de collagène et de minéraux explique la robustesse des lamelles osseuses.

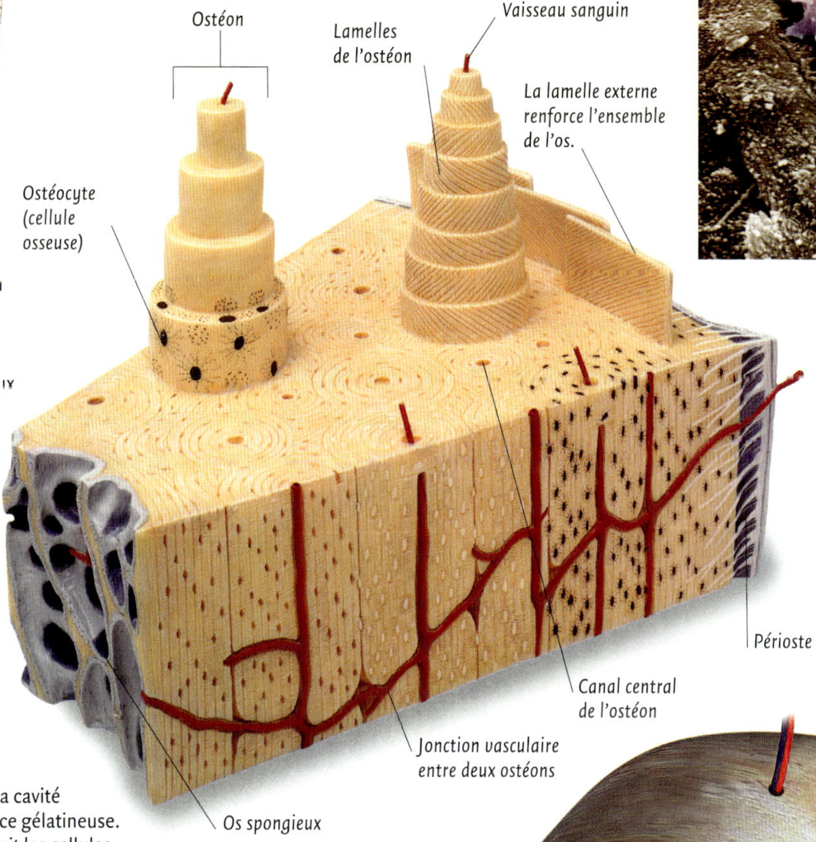

LA MOELLE OSSEUSE

Les cavités du tissu osseux spongieux et la cavité centrale de l'os contiennent une substance gélatineuse. À la naissance, la moelle rouge, qui produit les cellules sanguines devant être constamment remplacées, occupe la totalité de ces espaces. À mesure que le corps grandit, elle est remplacée par la moelle jaune, qui stocke des graisses. Chez l'adulte, la moelle rouge ne subsiste que dans quelques os, tels que ceux du crâne, les vertèbres ou le sternum, qui libèrent plus de 2 millions de cellules sanguines par seconde dans le sang.

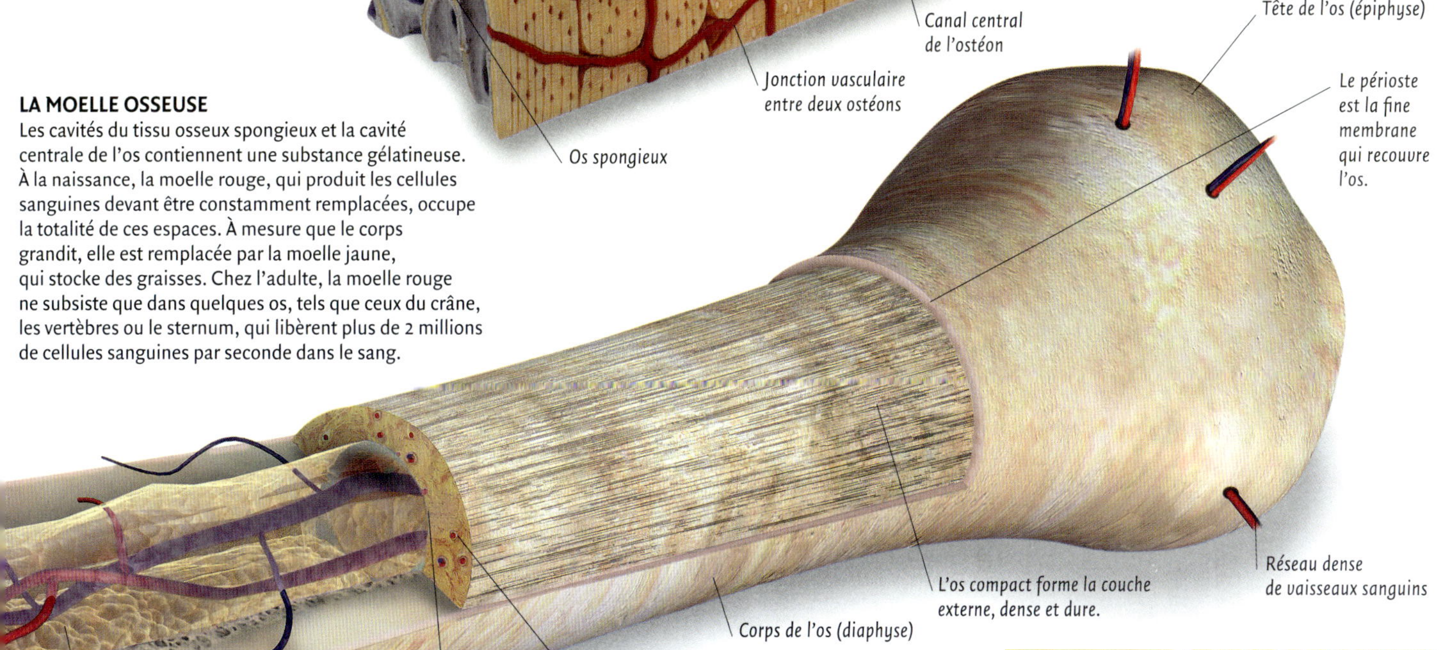

L'HÉMATOPOÏÈSES

Cette image au microscope MEB montre la moelle rouge, où sont fabriqués les globules sanguins. Des cellules souches s'y multiplient et se muent en cellules sanguines indifférenciées (p. 46) qui, à leur tour, se divisent. Les cellules filles se développent rapidement pour former des millions de globules rouges (en rouge) ou blancs (en bleu).

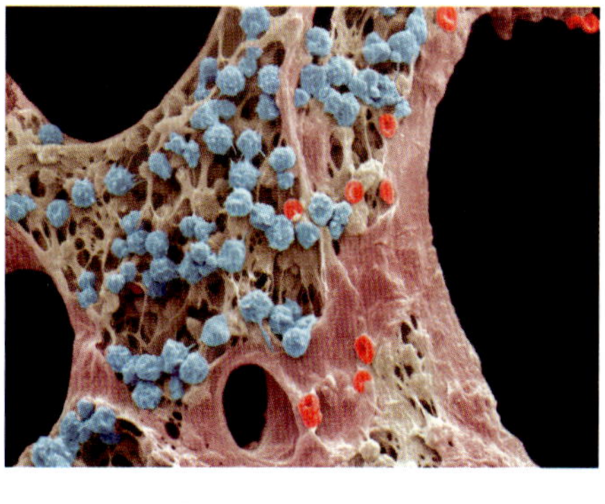

LES ARTICULATIONS

La jonction de deux os ou plus forme une articulation. Le corps humain en compte un peu plus de 400, de plusieurs types. La plupart sont très mobiles, comme celles des doigts ou des orteils, et sans elles, nous serions raides et incapables de sauter, attraper une balle, écrire ou accomplir un seul des innombrables gestes que nous faisons souvent inconsciemment. La mobilité de chaque articulation dépend de la forme des surfaces osseuses en contact.

Les articulations sont maintenues par des ligaments et contiennent du cartilage, tissu robuste qu'on trouve également dans d'autres structures à différents endroits du corps.

SOUPLESSE

Comme toute autre partie du corps, les articulations gagnent à être utilisées et se détériorent lorsqu'on les néglige. Certaines activités, telles que le yoga, entretiennent la mobilité articulaire, assouplissent les muscles et permettent de retarder la raideur, les douleurs ou l'inconfort qui gâchent parfois la vieillesse.

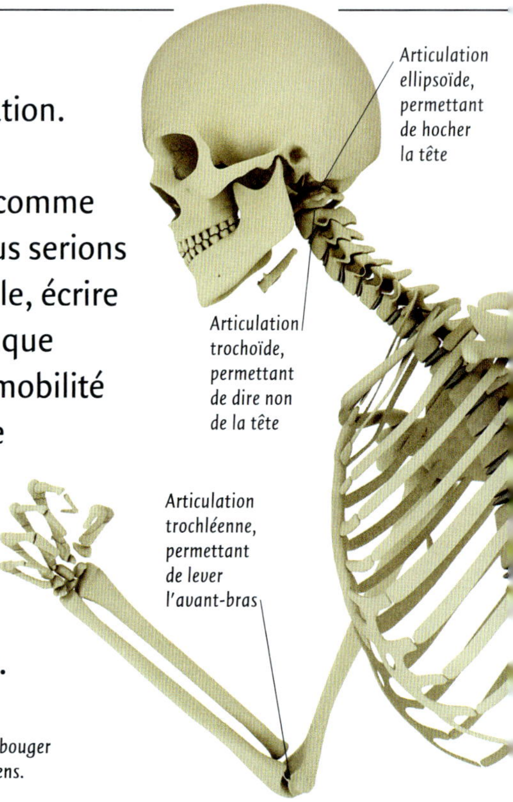

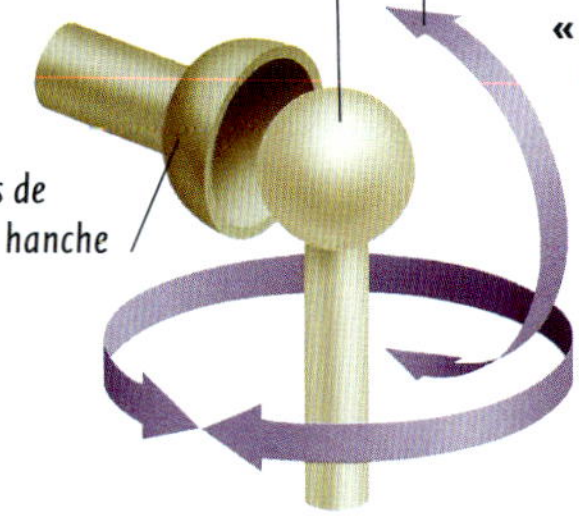

Articulation sphéroïde (hanche) mobile

« SPHÉRIQUE » OU « CHARNIÈRE »

La hanche et le genou sont deux très bons exemples pour observer les articulations. Leurs mouvements sont visibles à chaque fois qu'on grimpe, marche, danse, etc. La hanche est une articulation sphéroïde (« sphérique ») : la tête arrondie du fémur s'emboîte dans le cotyle (la cavité) de l'os de la hanche, ce qui permet à la jambe de tourner dans tous les sens. Le genou est une articulation trochléenne (charnière) qui permet surtout les mouvements avant/arrière.

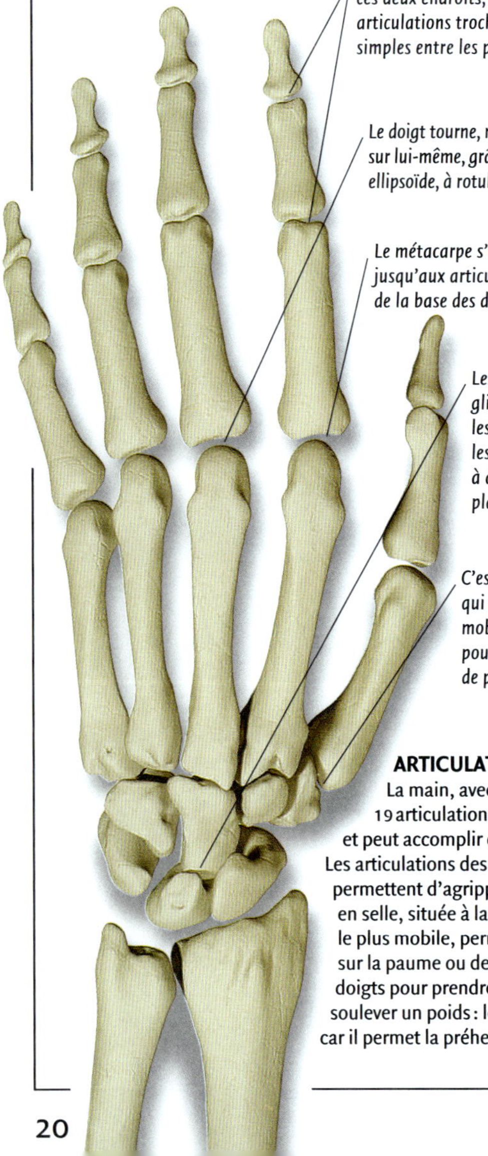

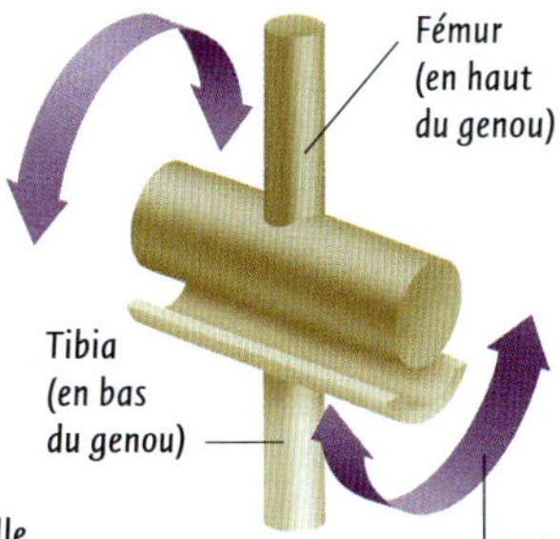

Articulation trochléenne (genou) semi-mobile

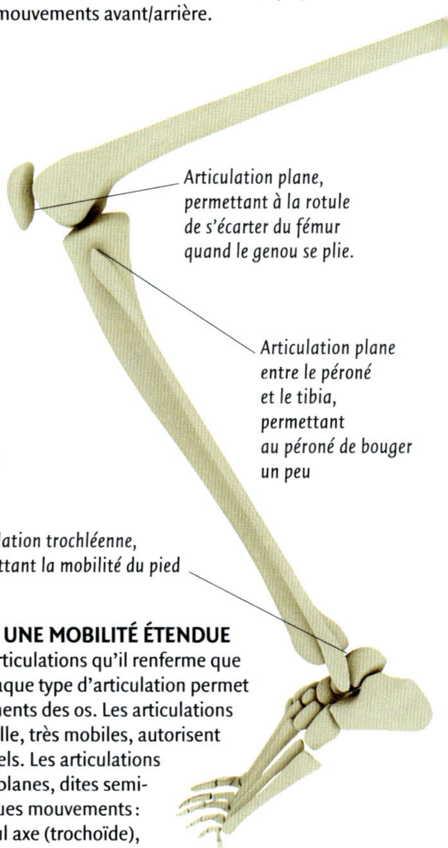

ARTICULATIONS À PROFUSION

La main, avec ses 27 os et 19 articulations mobiles, est très flexible et peut accomplir des tâches très délicates. Les articulations des quatre doigts longs permettent d'agripper. L'articulation, dite en selle, située à la base du pouce, doigt le plus mobile, permet à celui-ci de se rabattre sur la paume ou de toucher le bout des autres doigts pour prendre des objets en pince ou soulever un poids : le pouce est dit opposable, car il permet la préhension.

UNE MOBILITÉ ÉTENDUE

C'est grâce à toutes les articulations qu'il renferme que le squelette est si mobile. Chaque type d'articulation permet un certain nombre de mouvements des os. Les articulations sphéroïdes, ellipsoïdes ou en selle, très mobiles, autorisent des mouvements pluridirectionnels. Les articulations trochoïdes, trochléennes et planes, dites semi-mobiles, ne permettent que quelques mouvements : rotation d'un os dans un seul axe (trochoïde), mouvement angulaire comme une porte qui ouvre et se ferme (trochléenne), petits glissements (plane).

DES OS UNIS

Les extrémités osseuses qui forment une articulation sont unies par des ligaments, bandes de tissu élastique très résistantes. Dans le pied, par exemple, plusieurs ligaments maintiennent ensemble les os du tarse et les métatarsiens, le tout formant l'articulation tarso-métatarsienne. Les ligaments sécurisent les articulations en empêchant les os de trop bouger.

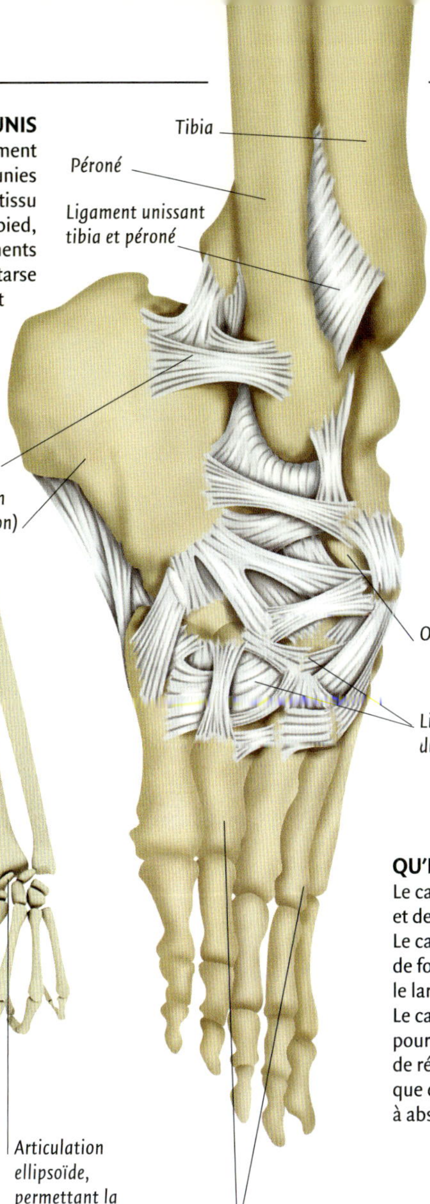

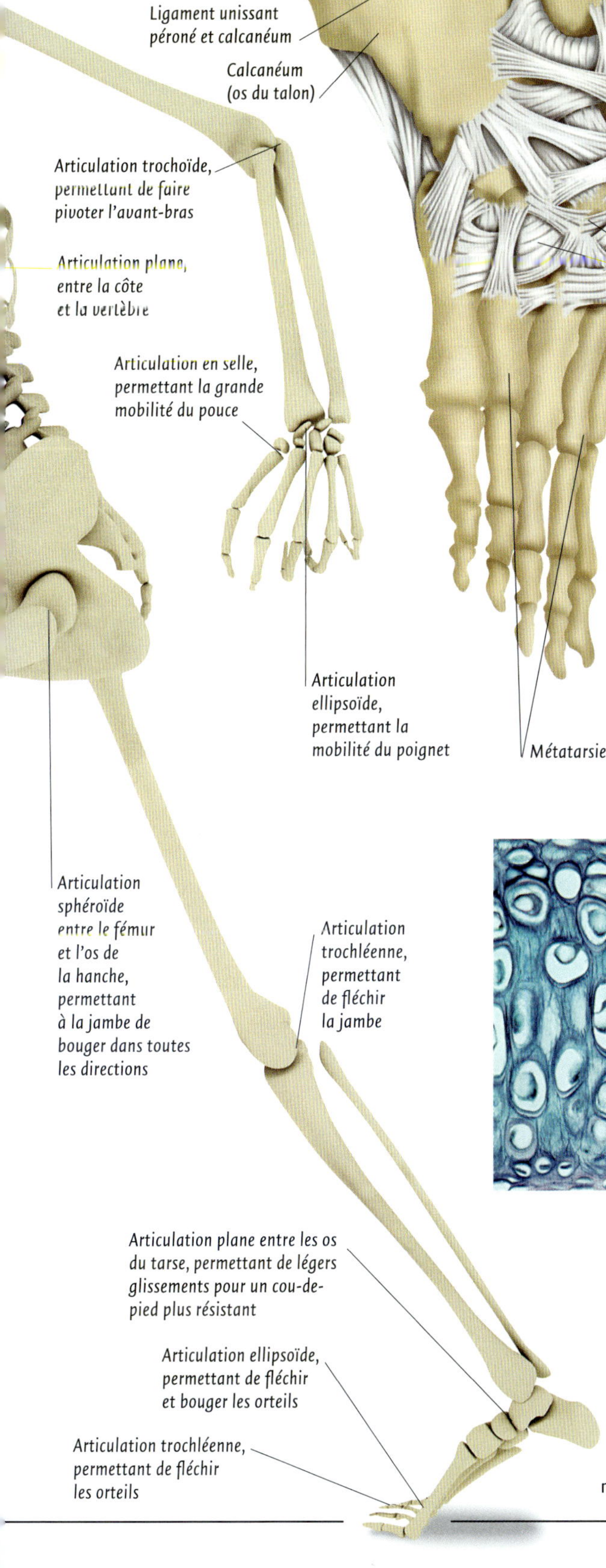

L'ARTICULATION SYNOVIALE

L'articulation de type synoviale (très mobile) est majoritaire. Cette vue en coupe en montre les principaux éléments. La capsule, propre à ce type d'articulation, est entourée de ligaments et tapissée à l'intérieur d'une membrane qui produit un liquide huileux, appelé synovie. Les surfaces osseuses sont revêtues d'un cartilage brillant et lisse qui, telle une éponge, s'imbibe de ce liquide. En cas de sollicitation, la synovie, alors libérée, lubrifie l'articulation.

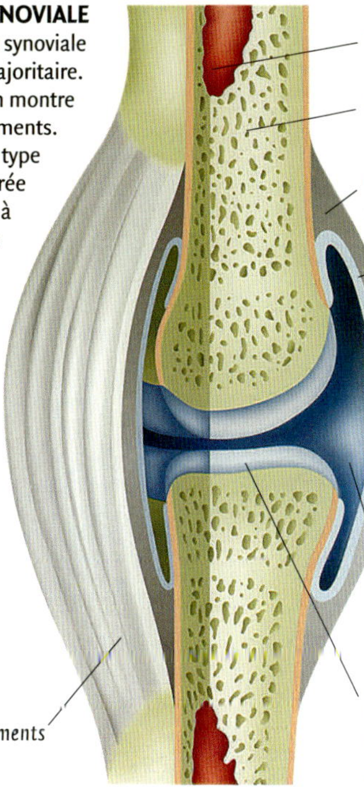

QU'EST-CE QUE LE CARTILAGE ?

Le cartilage est un tissu robuste et souple qui résiste aux forces de compression et de traction. Le corps humain en compte trois types : hyalin, élastique et fibreux. Le cartilage hyalin recouvre l'extrémité des os, permettant aux articulations de fonctionner sans frictions (voir ci-dessus). On le trouve aussi dans la cloison nasale, le larynx et la trachée, ainsi qu'au niveau de l'insertion des côtes sur le sternum. Le cartilage élastique arme le pavillon de l'oreille ainsi que l'épiglotte, qui s'abaisse pour fermer la trachée afin d'empêcher les fausses routes. Le fibrocartilage, capable de résister à de fortes pressions, se trouve dans les disques intervertébraux ainsi que dans les ménisques, petits éléments de l'articulation du genou destinés à absorber les chocs.

Articulation

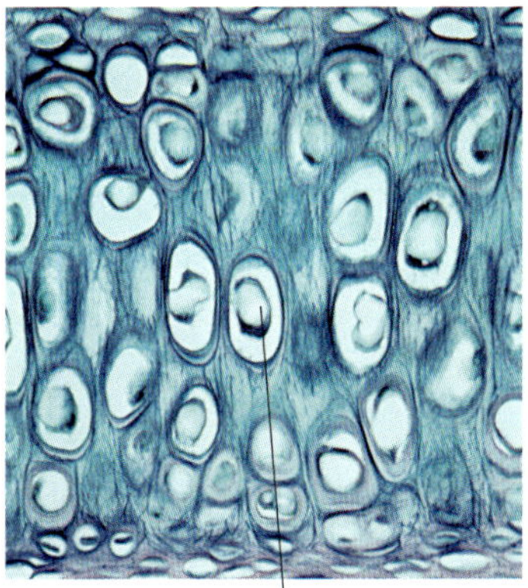

LE TISSU CARTILAGINEUX

Les chondrocytes, cellules productrices de cartilage, vivent au sein du tissu cartilagineux qu'elles produisent. Celui-ci se compose de fibres de protéine dures (collagène) et souples (élastine), dont l'entrelacement forme, avec l'eau tissulaire, une matière gélatineuse compacte. Le cartilage étant peu irrigué, les chondrocytes obtiennent les nutriments dont ils ont besoin grâce au suintement des vaisseaux sanguins.

UN GENOU SOLLICITÉ

Le genou, articulation la plus grosse, est renforcé par des ligaments internes et protégés des chocs par les ménisques. Certains sports, tel le football, comprennent des virevoltes et des coups de pied retournés pouvant entraîner des blessures – telles que déchirures ligamentaires ou lésions méniscales – chez ceux qui le pratiquent intensivement.

MUSCLES AU MICROSCOPE
Nicolas Sténon (1638-1686), savant et évêque danois, fit ses études au Danemark et aux Pays-Bas. En observant les muscles au microscope, il découvrit que leur contraction est due au raccourcissement simultané des milliers de fibres qui les composent.

LES MUSCLES

Le muscle est un tissu de cellules qui n'a qu'un pouvoir, celui de se contracter. Les muscles striés, qui constituent près de la moitié de la masse corporelle, recouvrent le squelette et s'insèrent sur les os. Ils donnent au corps son relief, lui permettent de se tenir droit, de maintenir les postures et, en tirant sur les os, d'accomplir d'innombrables mouvements, du clin d'œil jusqu'à la course. La plupart des muscles portent un nom en rapport avec leur emplacement, leur taille, leur forme ou leur action. Le long adducteur, par exemple, est allongé et permet l'adduction de la jambe, mouvement consistant à la rapprocher de l'axe central du corps. On doit cette nomenclature, datant du XVIIe siècle, aux travaux de pionniers comme Nicolas Sténon ou George Baglivi. Les deux autres types de muscles présents dans le corps sont les muscles lisses et le myocarde.

LE CORPS, UN LIVRE OUVERT
L'anatomiste italien George Baglivi (1668-1707) fut le premier à remarquer que les muscles fixés au squelette diffèrent de ceux qui garnissent la paroi de l'intestin et des autres organes. Il avait coutume de dire à ses étudiants : « Il n'y a pas livre plus intéressant, plus instructif, que le patient lui-même. »

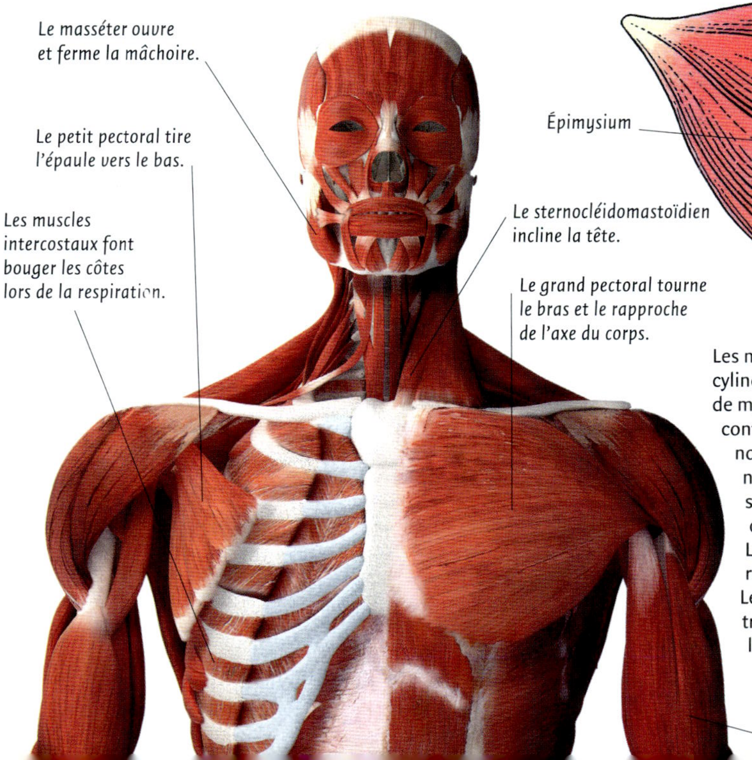

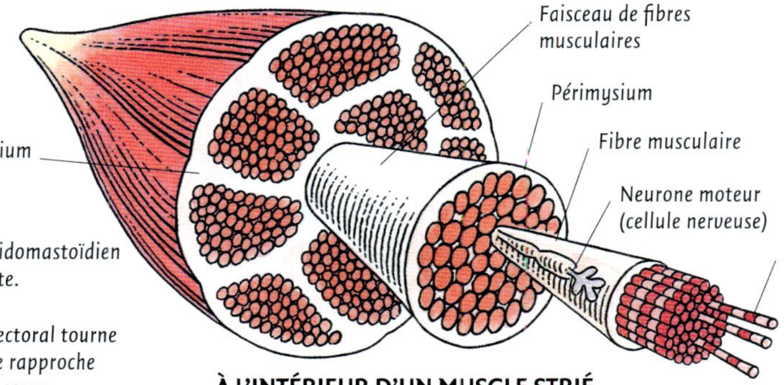

À L'INTÉRIEUR D'UN MUSCLE STRIÉ
Les muscles striés sont formés de longues cellules cylindriques. Ces fibres, qui se composent elles-mêmes de myofibrilles, fibres plus petites où se crée la contraction, contiennent chacune plusieurs noyaux ainsi qu'un grand nombre de mitochondries (p. 13) produisant l'énergie nécessaire à la contraction. Les fibres musculaires sont groupées en faisceaux à l'intérieur d'une membrane appelée périmysium. Les faisceaux, maintenus ensemble par une gaine résistante, l'épimysium, forment le muscle. Les neurones moteurs (cellules nerveuses) transmettent aux muscles les signaux cérébraux leur ordonnant de se contracter.

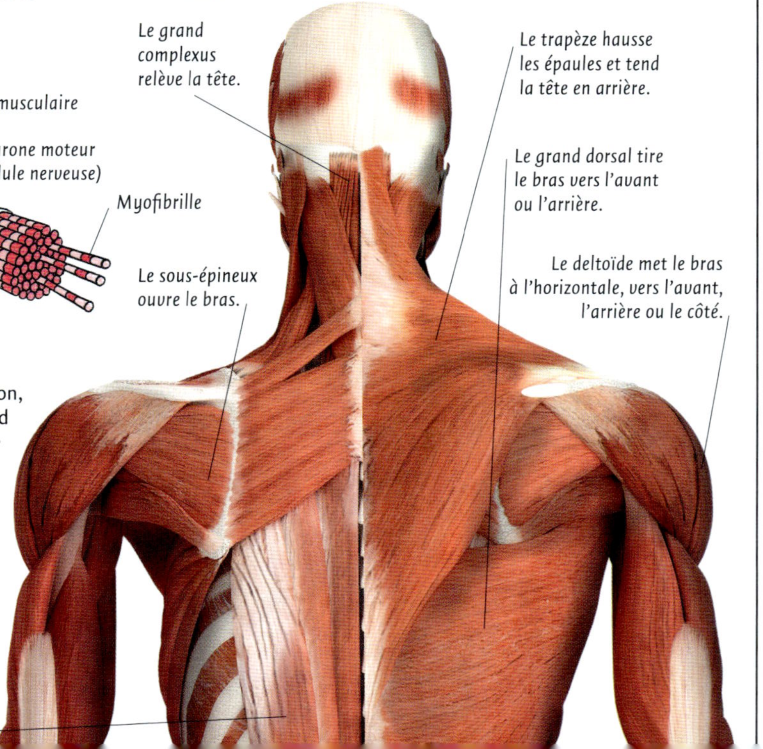

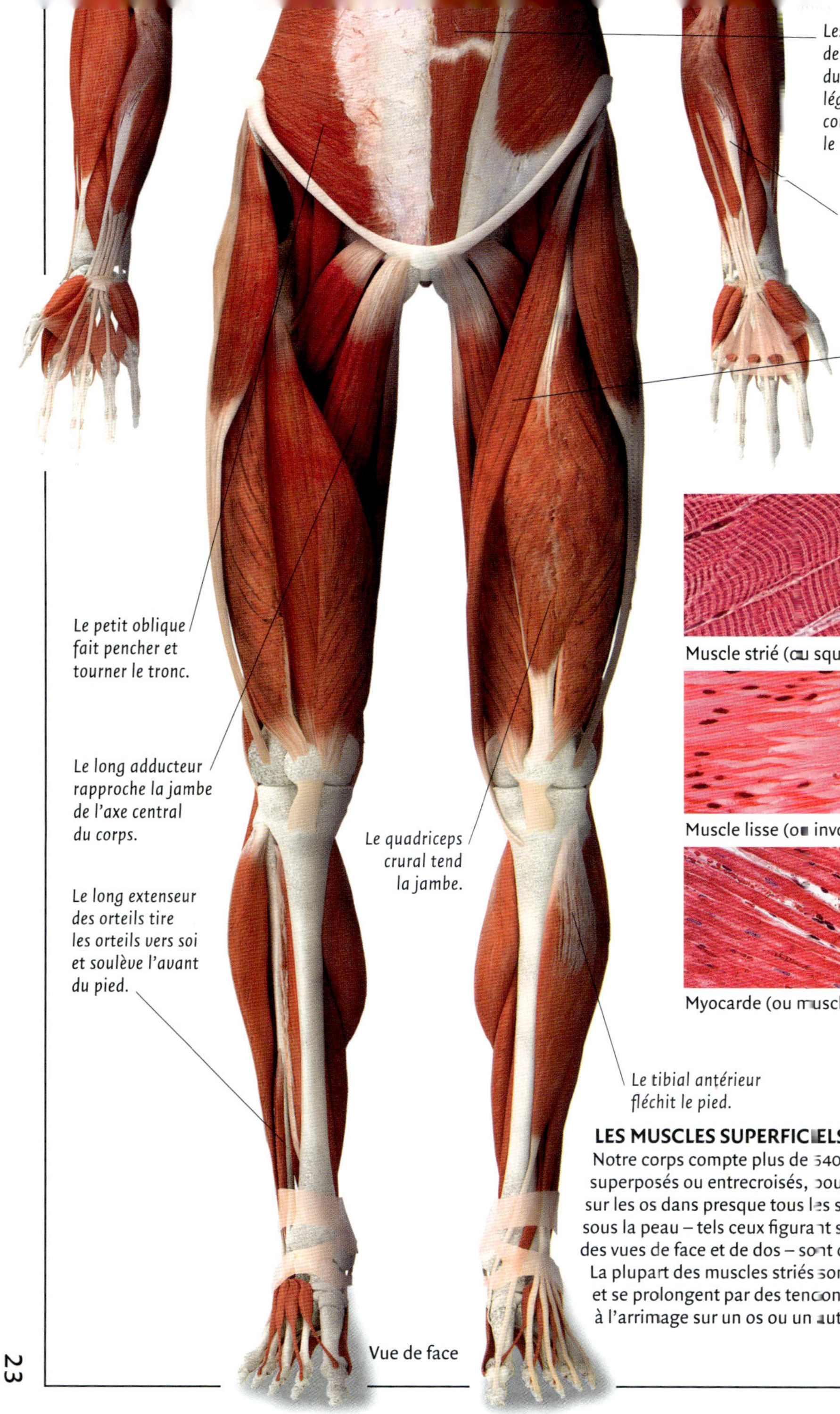

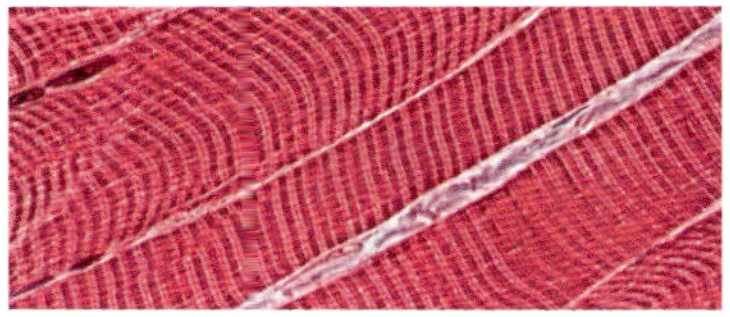

Muscle strié (ou squelettique)

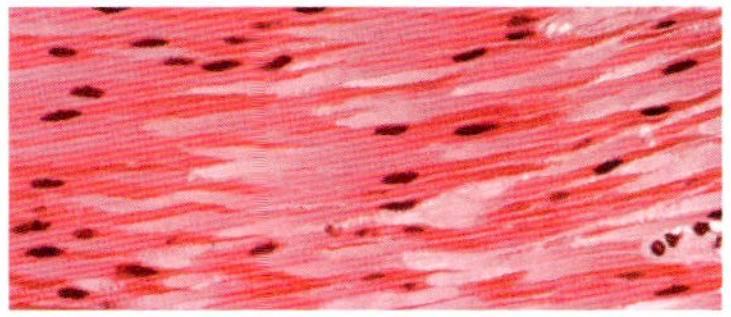

Muscle lisse (ou involontaire)

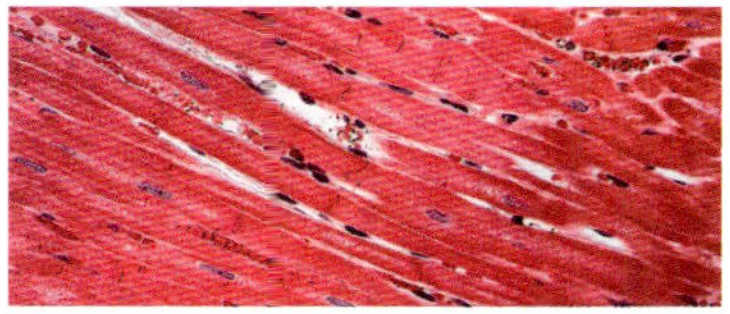

Myocarde (ou muscle cardiaque)

LES MUSCLES SUPERFICIELS

Notre corps compte plus de 640 muscles striés, superposés ou entrecroisés, pour pouvoir tirer sur les os dans presque tous les sens. Ceux situés sous la peau – tels ceux figurant sur la partie droite des vues de face et de dos – sont dits superficiels. La plupart des muscles striés sont fuselés et se prolongent par des tendons servant à l'arrimage sur un os ou un autre muscle.

LES TYPES DE MUSCLES

Ces micrographies montrent les trois types de tissu musculaire présents dans le corps humain. Les muscles striés, ainsi qualifiés en raison de la disposition de leurs fibres, sont appelés squelettiques, puisqu'ils font bouger les os. On dit aussi qu'ils sont volontaires, car ils peuvent se contracter sous l'effet de la volonté. Les muscles lisses, avec leurs fibres effilées disposées en couches, garnissent la paroi des organes creux, comme l'intestin. Leurs contractions sont involontaires et généralement inconscientes. Le myocarde, muscle du cœur, se contracte quant à lui automatiquement et sans interruption tout au long de la vie.

LES MUSCLES PROFONDS

Il suffit de retirer quelques muscles superficiels pour faire apparaître des muscles plus profonds – tels ceux figurant sur la partie gauche des vues de face et de dos. La plupart sont en contact direct avec les os sur lesquels ils tirent et les points d'ancrage sont parfois visibles. Certains sont plats comme une simple feuille. Les autres présentent la forme classique, renflée au milieu.

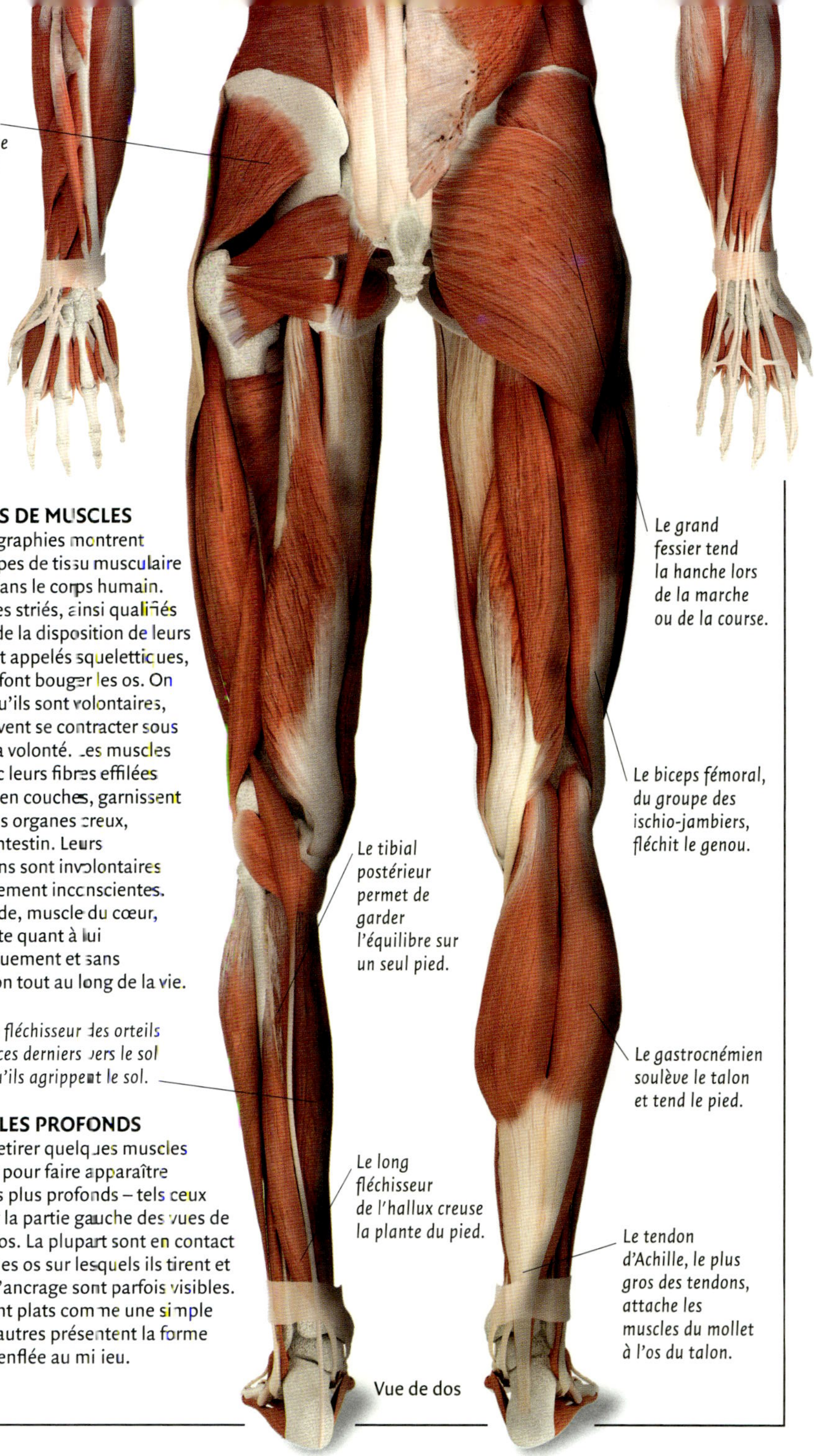

FORCE, TONUS ET SOUPLESSE
Les trois qualités d'un muscle sont la force, le tonus et la souplesse. Certaines activités n'en font travailler qu'une. D'autres, comme la natation ou la danse, permettent de progresser sur les trois plans.

LE CORPS EN MOUVEMENT

Les muscles striés permettent au corps de faire toutes sortes de mouvements – sourire, hocher la tête, marcher, sauter, etc. Ils sont arrimés aux os par des tendons, cordons fibreux très résistants, et peuvent traverser plusieurs zones articulaires. En se contractant, le muscle tire sur l'os, créant ainsi un mouvement. On nomme « origine » l'os immobile qui tient le muscle et « insertion » l'os tiré par le muscle. Par exemple, le biceps, muscle du bras, a pour origine l'omoplate et pour insertion le radius, dans l'avant-bras. Les muscles ne peuvent que tirer, jamais pousser, si bien que pour permettre à une partie du corps d'avoir des mouvements contraires (bras tendu ou plié), il faut une paire de muscles opposés. L'activation (légère contraction) de certains muscles du cou, du dos et des jambes a pour fonction non pas de mouvoir le corps, mais de le stabiliser.

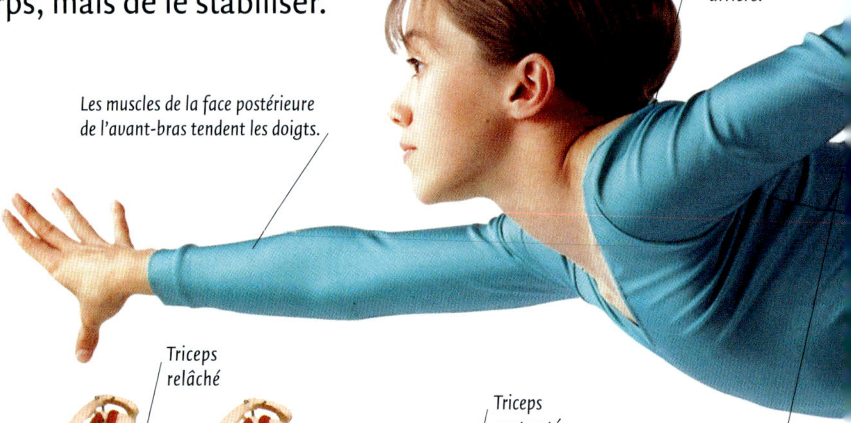

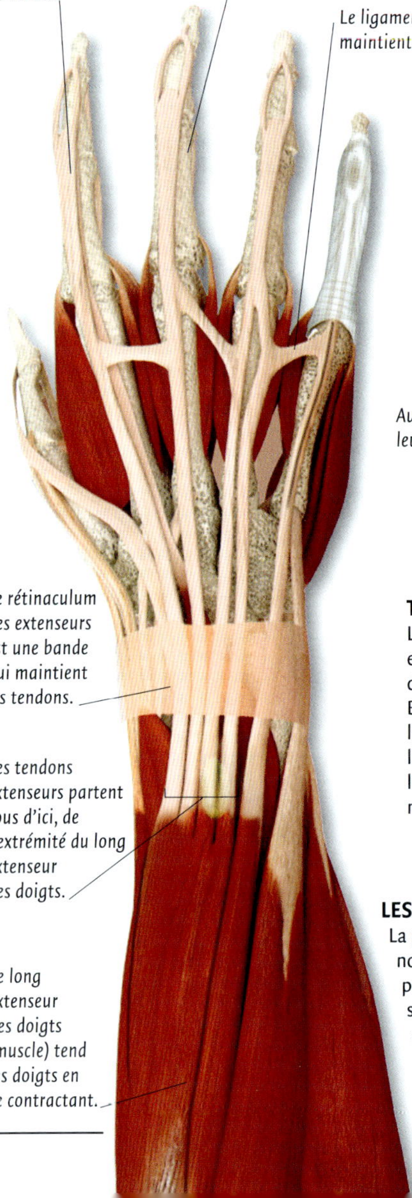

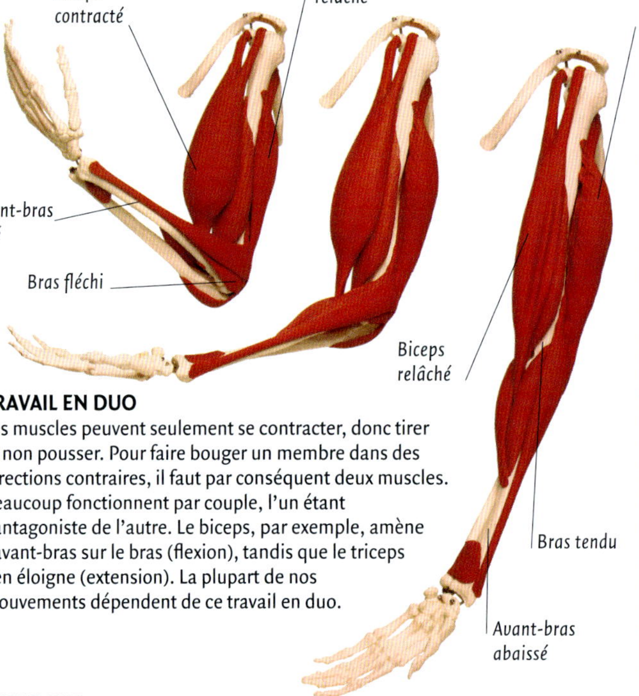

TRAVAIL EN DUO
Les muscles peuvent seulement se contracter, donc tirer et non pousser. Pour faire bouger un membre dans des directions contraires, il faut par conséquent deux muscles. Beaucoup fonctionnent par couple, l'un étant l'antagoniste de l'autre. Le biceps, par exemple, amène l'avant-bras sur le bras (flexion), tandis que le triceps l'en éloigne (extension). La plupart de nos mouvements dépendent de ce travail en duo.

LES TENDONS
La plupart des muscles commandant les doigts se trouvent non pas dans la main, mais dans l'avant-bras. Ils agissent à distance par le biais de longs tendons qui les prolongent et vont s'insérer sur les phalanges. Chaque tendon est entouré d'une gaine autolubrifiante qui lui permet d'aller et venir sans s'user. Où qu'ils se trouvent dans le corps, les tendons arriment toujours un muscle à l'os qu'il commande.

PUISSANCE ET PRÉCISION
La dextérité manuelle est due à l'action des muscles sur les 27 os de la main, et à de longues années de travail. Les pianistes entraînent leur cerveau à coordonner des mouvements rythmiques complexes différents pour chaque doigt et à moduler en même temps l'intensité de la frappe.

TRAVAIL D'ÉQUIPE

L'exécution de cette figure gymnique, appelée arabesque, exige du corps un gros effort de coordination. Les aires cérébrales commandant le mouvement et l'équilibre envoient aux muscles striés des signaux pour leur dire à quel moment se contracter et dans quelle mesure. Les muscles des mains, des bras, du tronc et des jambes travaillent de concert pour maintenir la gymnaste dans la posture et envoient en retour des informations au cerveau afin que celui-ci procède aux petits ajustements nécessaires pour conserver l'équilibre.

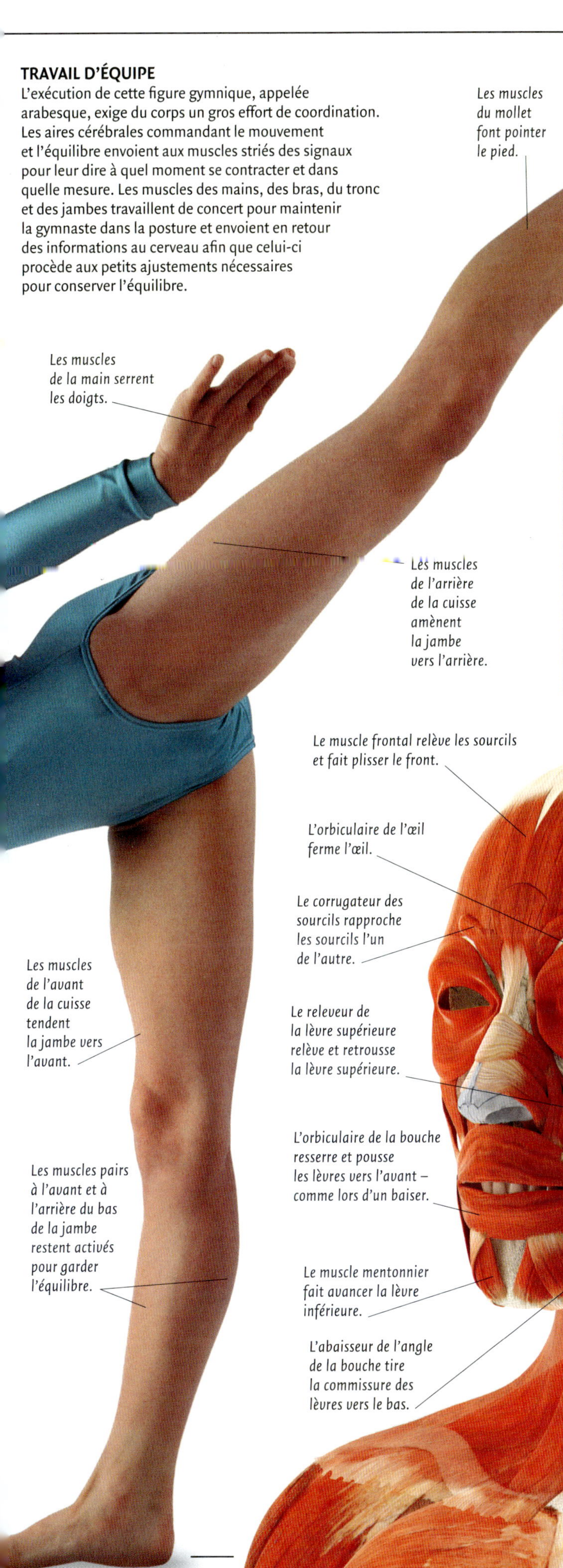

SWAMMERDAM D'AMSTERDAM

Le médecin hollandais Jan Swammerdam (1637-1680) s'intéressa au phénomène de la contraction musculaire. À l'époque, on pensait que des esprits vitaux, empruntant les nerfs, faisaient se dilater et se contracter les muscles. Swammerdam montra qu'il n'en était rien et que le muscle, en se contractant, change bien de forme, mais pas de volume.

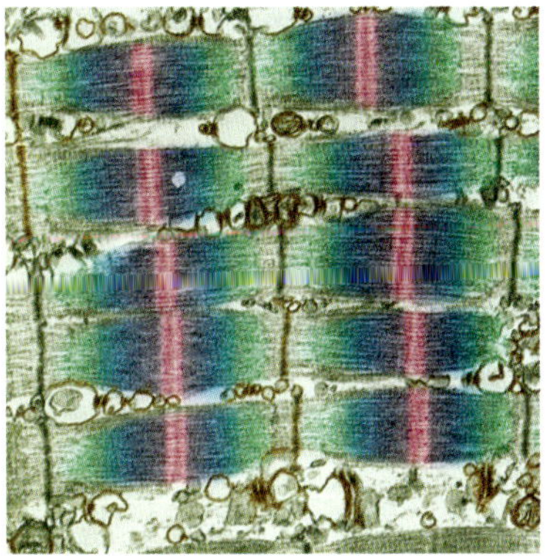

LA CONTRACTION MYOFIBRILLAIRE

Les myofibrilles, vues ici au microscope MET, sont de longs cylindres qui occupent toute la longueur des fibres (ou cellules) musculaires striées. Chaque unité, séparée par une ligne verticale, contient des filaments fins et épais qui, en se chevauchant, forment le motif bleu et rose qu'on aperçoit. Lorsque le muscle se contracte, ces filaments s'interpénètrent par glissement, ce qui entraîne le raccourcissement des myofibrilles, et donc des fibres.

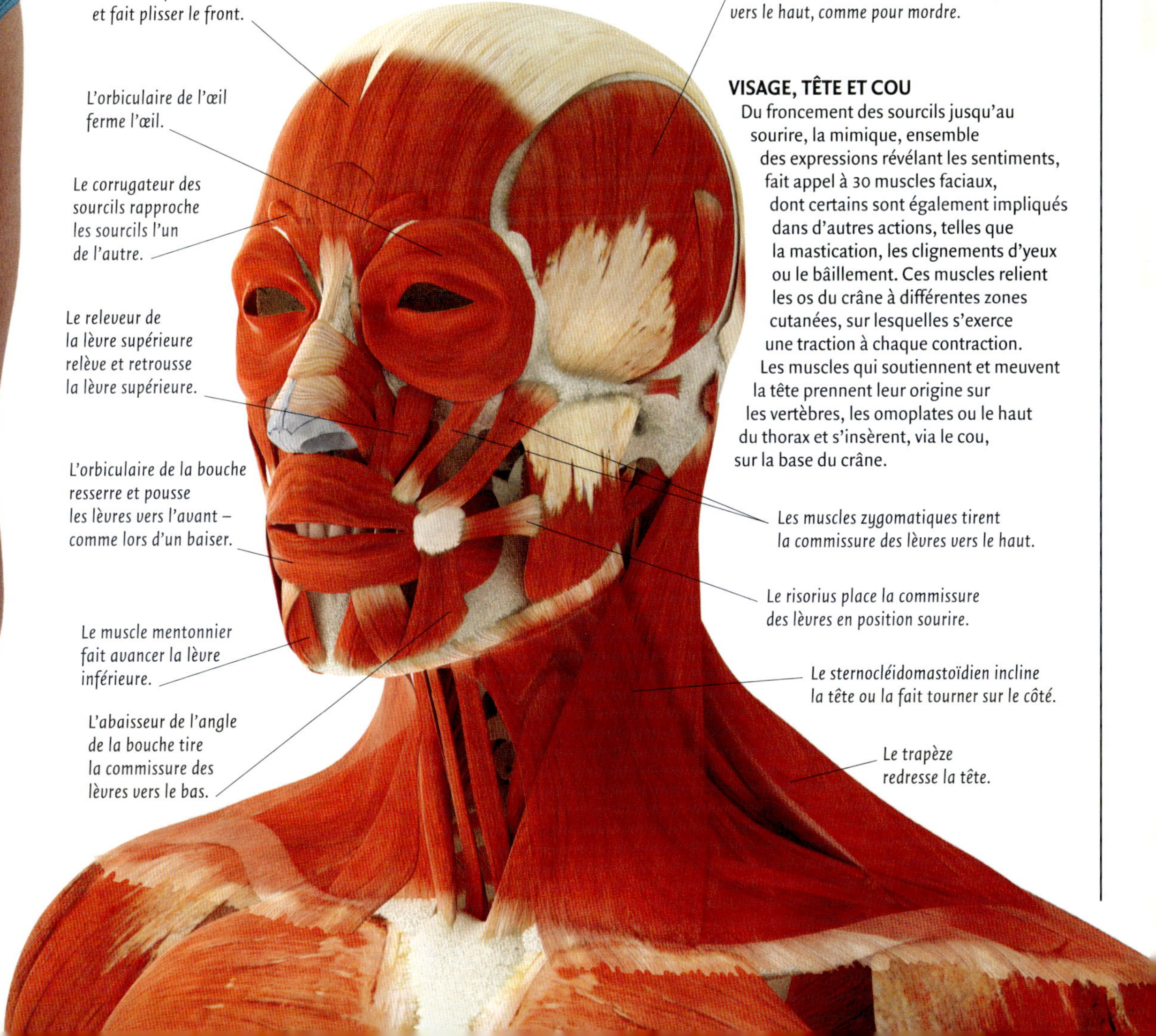

VISAGE, TÊTE ET COU

Du froncement des sourcils jusqu'au sourire, la mimique, ensemble des expressions révélant les sentiments, fait appel à 30 muscles faciaux, dont certains sont également impliqués dans d'autres actions, telles que la mastication, les clignements d'yeux ou le bâillement. Ces muscles relient les os du crâne à différentes zones cutanées, sur lesquelles s'exerce une traction à chaque contraction. Les muscles qui soutiennent et meuvent la tête prennent leur origine sur les vertèbres, les omoplates ou le haut du thorax et s'insèrent, via le cou, sur la base du crâne.

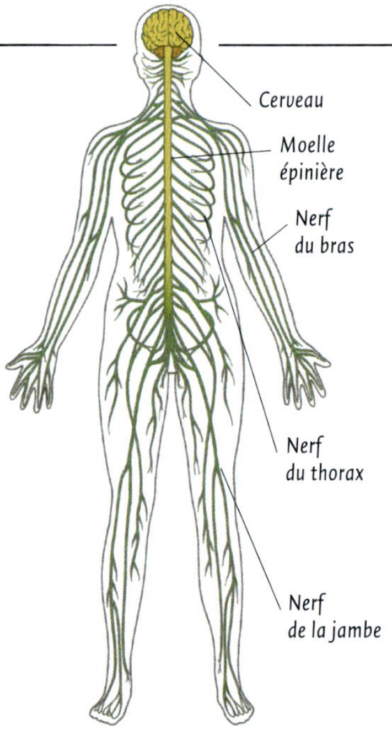

UN RÉSEAU DE NERFS
Le cerveau et la moelle épinière constituent le centre de commande du système nerveux. Les nerfs eux-mêmes sont des faisceaux de neurones semblables à des câbles qui se ramifient pour atteindre toutes les parties du corps. Mis bout à bout, ils pourraient faire deux fois le tour de la Terre.

Le système nerveux

Sans son contrôle et son action de coordination, le corps ne pourrait pas fonctionner. En une fraction de seconde, le système nerveux permet de ressentir, voir, entendre, réagir, penser et se remémorer, tout cela en même temps. Il commande aussi automatiquement nombre de processus physiologiques. Le cerveau et la moelle épinière forment ensemble le système nerveux central (SNC), relié au reste du corps par un réseau de nerfs. Le système nerveux se compose de milliards de neurones, cellules spécialisées interconnectées qui transmettent les signaux électriques à une vitesse pouvant aller jusqu'à 100 m/s. Les neurones sensoriels transportent les influx depuis les organes sensoriels (p. 32-39) jusqu'au SNC, les neurones moteurs transmettent les ordres du SNC aux muscles, et les neurones associatifs traitent l'information au sein même du SNC.

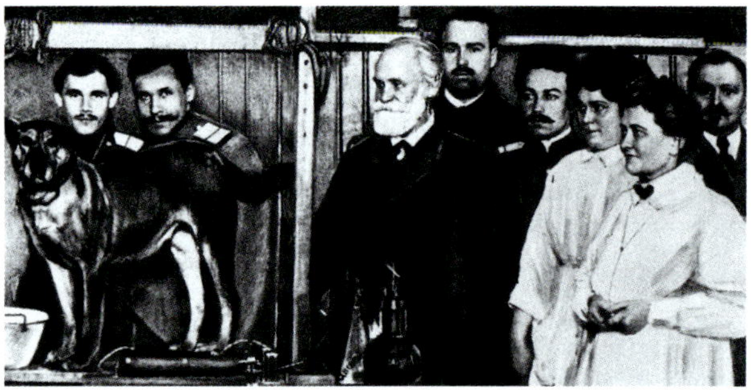

LES CHIENS DE PAVLOV
On appelle réflexe la réponse automatique à un stimulus. Par exemple, les chiens salivent à la vue et à l'odeur de leur nourriture. Le savant russe Ivan Pavlov (1849-1936) eut l'idée d'en dresser quelques-uns en signalant l'heure du repas au son d'une cloche. Au bout d'un moment, les animaux se mirent à saliver au simple bruit de la cloche. Pour la distinguer des réflexes innés, Pavlov appela cette réponse du corps « réflexe conditionné ».

NERFS CRÂNIENS ET SPINAUX
Les opérations effectuées par l'encéphale – cerveau, cervelet, tronc cérébral – et la moelle épinière supposent un flux constant de signaux entrants et sortants, auquel sont affectées 12 paires de nerfs crâniens, partant du crâne, et 31 paires de nerfs spinaux, partant du rachis. Chaque nerf comprend des neurones sensoriels, qui communiquent à l'encéphale les sensations des différentes parties du corps, et des neurones moteurs, qui transmettent aux muscles correspondants les ordres de contraction. Le tronc sympathique fait partie du système nerveux autonome, qui commande de façon automatique les processus vitaux dont nous n'avons pas conscience, comme la fréquence cardiaque (battements du cœur).

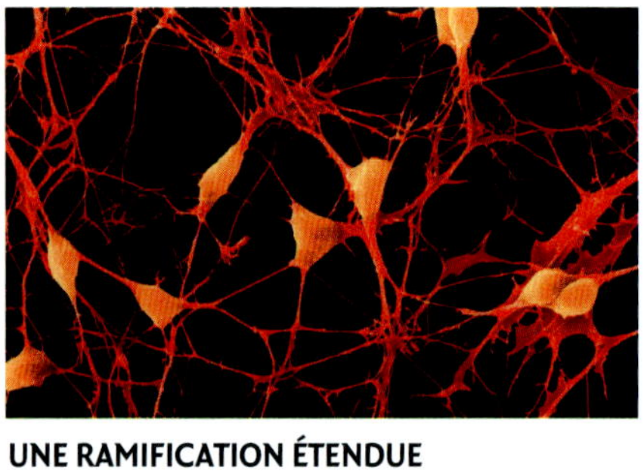

UNE RAMIFICATION ÉTENDUE
Cette micrographie montre les neurones associatifs du cerveau. Chacun peut être connecté à des milliers ou des dizaines de milliers d'autres, le tout formant un vaste réseau de communication. Les influx nerveux peuvent emprunter n'importe quel chemin, et le nombre des voies possibles est infini.

Système nerveux

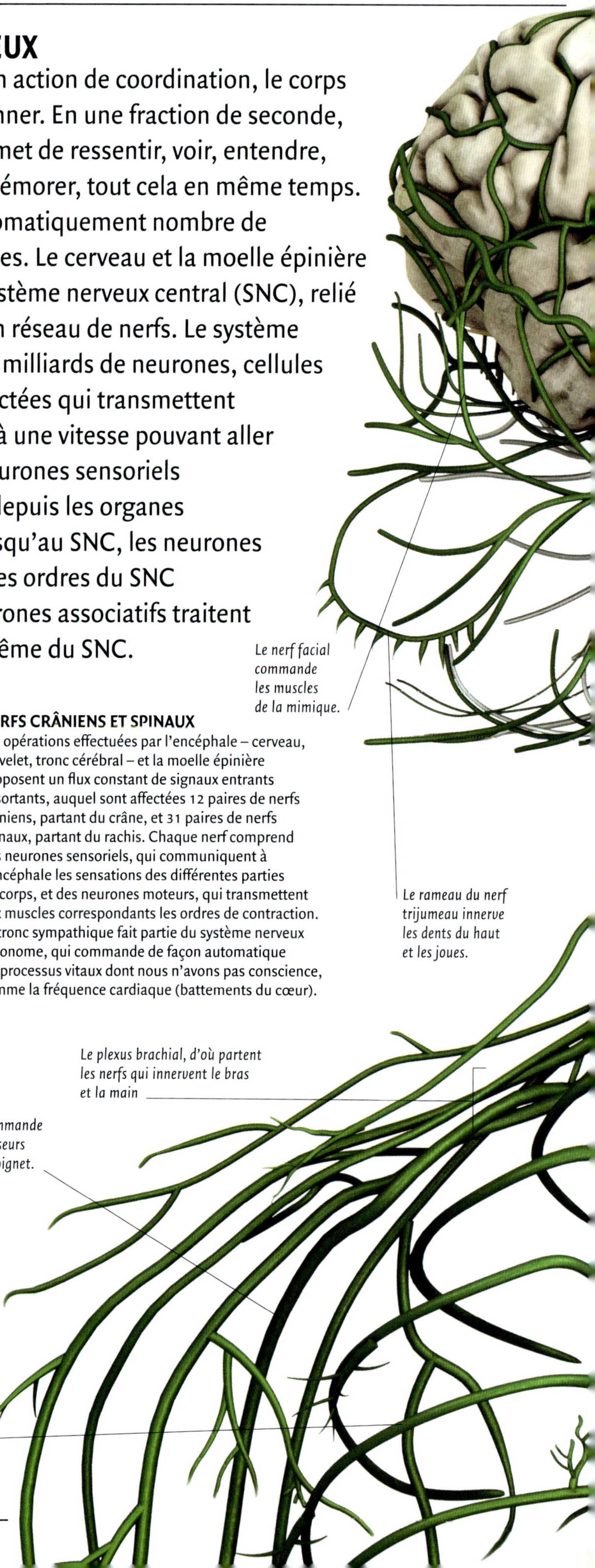

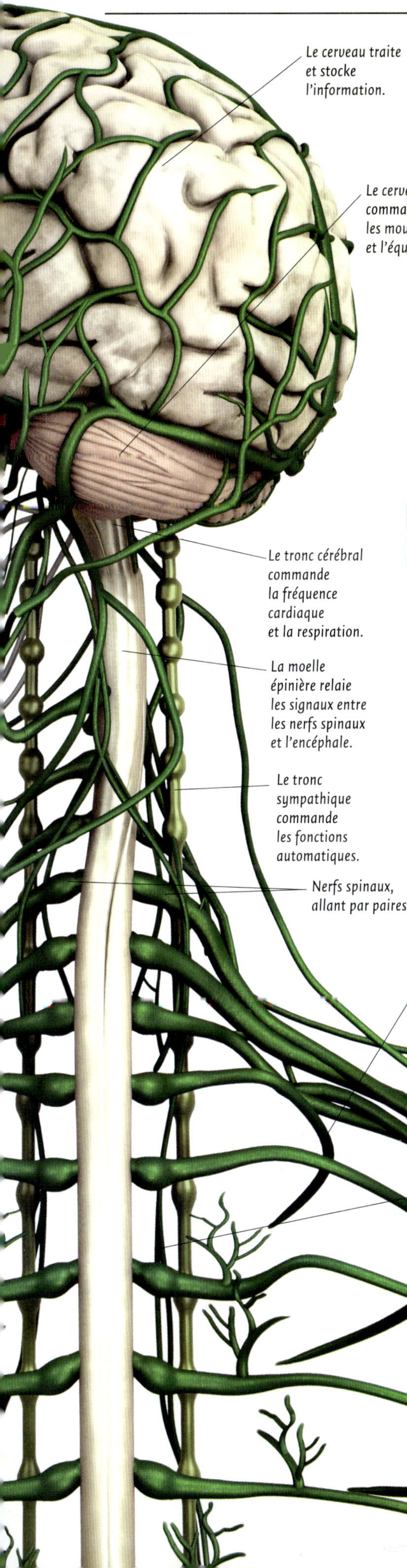

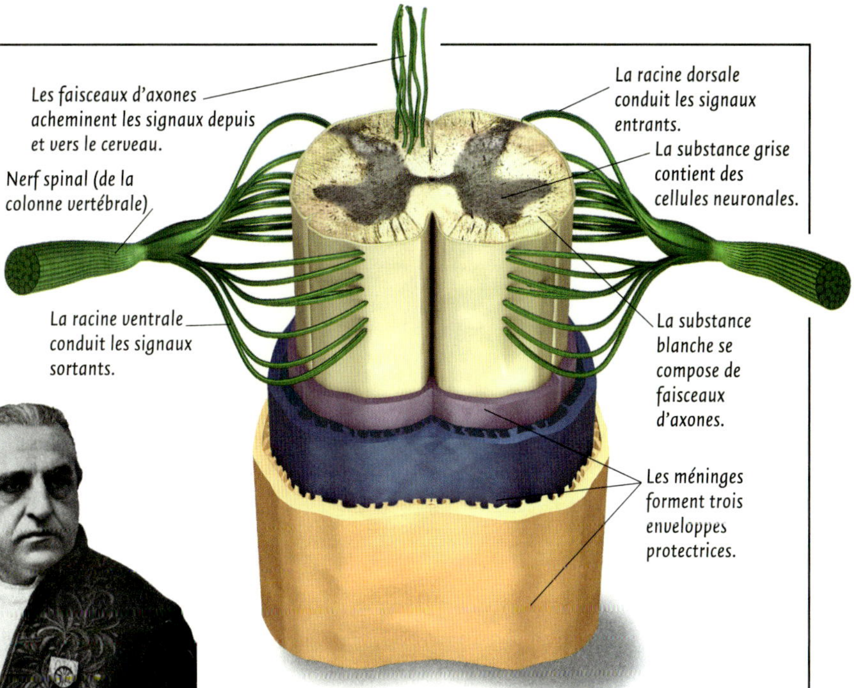

LA MOELLE ÉPINIÈRE

Pas plus épaisse que le doigt, la moelle épinière (ici en coupe) prolonge l'encéphale vers le bas du corps, relayant les influx nerveux entre les nerfs de la colonne vertébrale et l'encéphale. Chaque nerf de la colonne vertébrale possède deux racines : l'une contient les neurones sensoriels,qui transmettent à l'encéphale les signaux entrants depuis les récepteurs sensoriels, comme ceux impliqués dans le goût, l'ouïe ou le toucher ; l'autre contient les neurones moteurs, qui conduisent les signaux sortants vers les muscles. La moelle épinière commande aussi nombre de réflexes, comme le fait d'éloigner la main d'un objet bouillant.

LE FONDATEUR DE LA NEUROLOGIE

Le médecin français Jean-Martin Charcot (1825-1893), pionnier dans l'étude du système nerveux, a décrit plusieurs pathologies neurologiques, dont la sclérose en plaques, maladie dégénérative due à des lésions du cerveau ou de la moelle épinière. Il a aussi contribué au développement de la psychiatrie, discipline médicale consacrée au traitement des maladies mentales.

LA STRUCTURE DES NEURONES

Les neurones se composent d'un corps cellulaire (ou soma), d'une multitude de courtes terminaisons ramifiées appelées dendrites, et d'un long axone (ou fibre nerveuse). Les dendrites reçoivent les influx des neurones par l'intermédiaire des synapses. L'axone, souvent isolé par une gaine de myéline (grasse) permettant d'accélérer la vitesse de conduction nerveuse, transmet les influx à d'autres neurones ou au muscle.

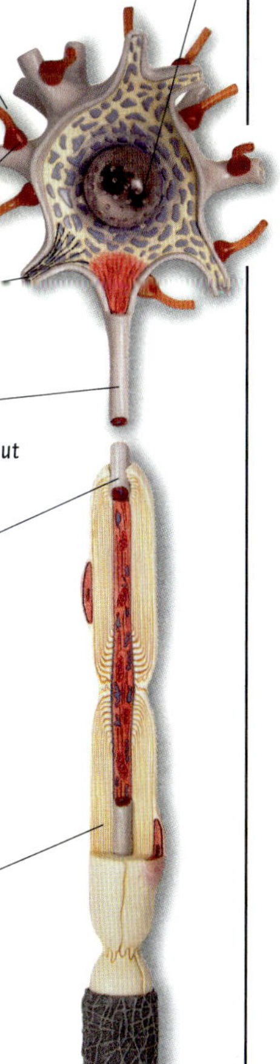

LE CERVEAU

Avec ses 100 milliards de neurones et ses centaines de milliers de connexions, formant un réseau de communication géant doté d'une incroyable puissance de traitement des informations reçues, l'encéphale est l'organe le plus complexe du corps humain. Le cerveau, partie la plus volumineuse et la plus complexe de l'encéphale, traite et stocke l'information entrante et envoie des ordres au corps. Les tâches conscientes, comme raisonner, voire ou ressentir, se font sous le contrôle du cortex cérébral, fine membrane enveloppant le cerveau dont l'aspect plissé dessine de nombreux sillons. Les chercheurs, qui travaillent depuis 150 ans sur le cortex, ont pu établir une cartographie des tâches dévolues à chacune des parties du cerveau.

@ Cerveau

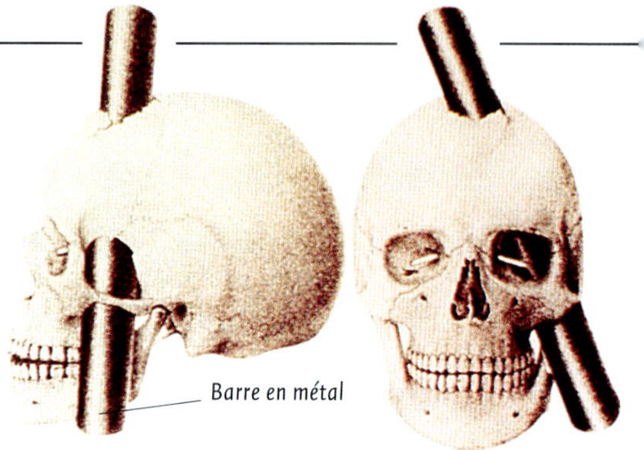

TÊTE PERFORÉE
En 1848, Phineas Gage, contremaître des chemins de fer américains, fut victime d'une explosion, au cours de laquelle une barre de fer entra par la joue et ressortit par le haut du crâne, lui transperçant le lobe frontal. Opéré et guéri, Gage, jusqu'alors sociable et poli, devint obstiné, lunatique et ordurier. Preuve était faite que le lobe frontal est impliqué dans certains aspects de la personnalité.

L'ENCÉPHALE VU DU DESSOUS
L'encéphale comprend trois éléments principaux. Le cerveau, le plus volumineux, peut constituer jusqu'à 85 % du poids de l'encéphale. Le tronc cérébral – protubérance annulaire ou pont, bulbe rachidien et mésencéphale (p. 30) – relaie les influx nerveux entre le cervelet et la moelle épinière et commande les fonctions automatiques, telles que la respiration ou la fréquence cardiaque. Le cervelet est responsable de l'équilibre, de la posture et de la coordination des mouvements.

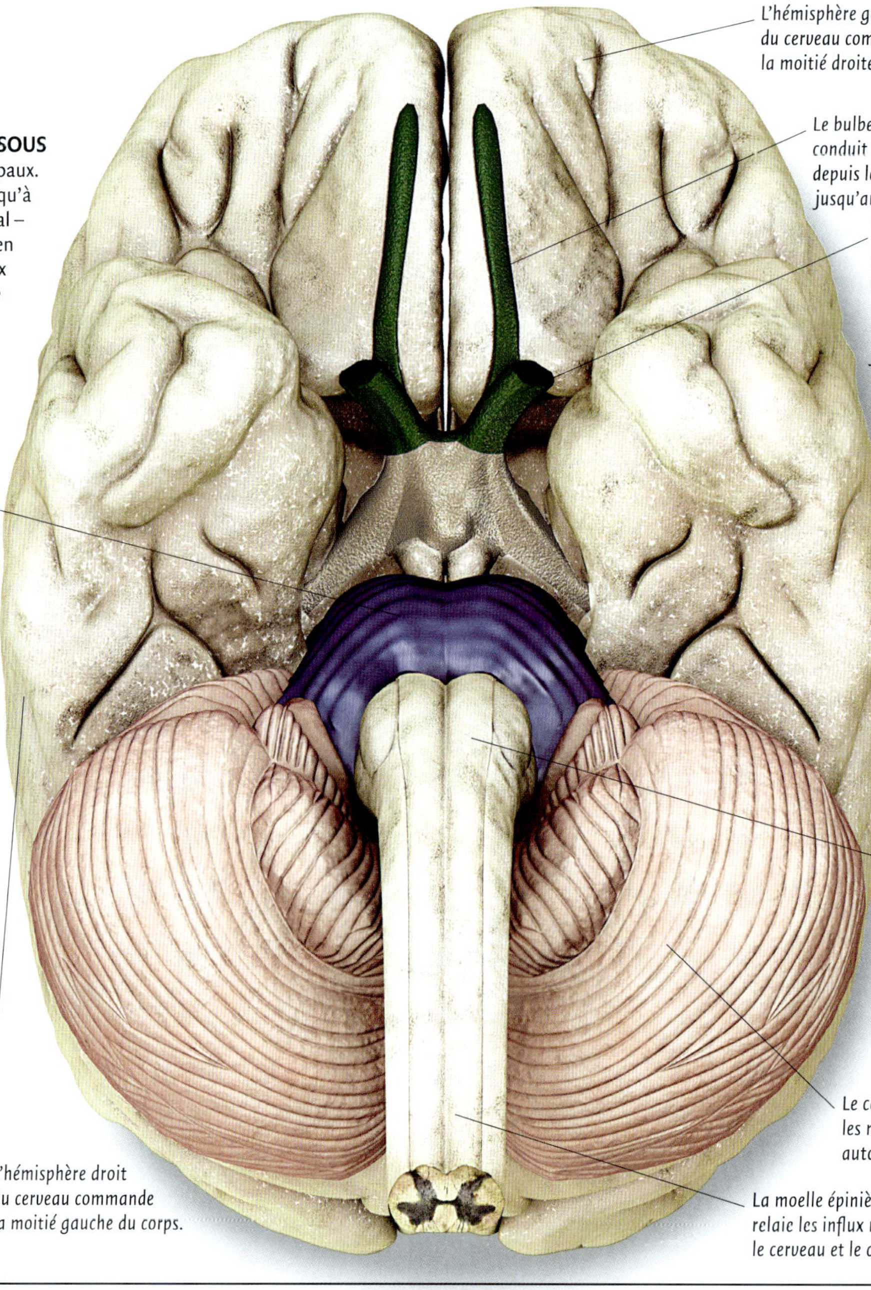

DROITE ET GAUCHE
Les fibres nerveuses du tronc cérébral s'entrecroisent, les unes allant de droite à gauche et les autres de gauche à droite. Chaque hémisphère du cerveau reçoit donc les informations sensorielles de la moitié du corps opposée et lui envoie ses ordres. La partie droite du cerveau est également responsable de la reconnaissance des visages et des facultés artistiques, comme la musique, tandis que la partie gauche contrôle le langage et les aptitudes mathématiques. Généralement, l'hémisphère gauche prédomine, raison pour laquelle la plupart des gens sont droitiers. Le guitariste américain Jimmy Hendrix (1942-1970), gaucher, excellait dans la musique.

LE SIÈGE DE LA PAROLE

En inspectant le cerveau d'un défunt qui souffrait d'un déficit de langage, le médecin français Paul Broca (1824-1880) découvre en 1861 l'aire du cerveau commandant la parole. La présence d'une zone abîmée sur l'hémisphère gauche l'amène à conclure que cette région, appelée par la suite aire de Broca, assure la coordination des muscles du larynx et de la bouche, qui permet de produire des sons articulés.

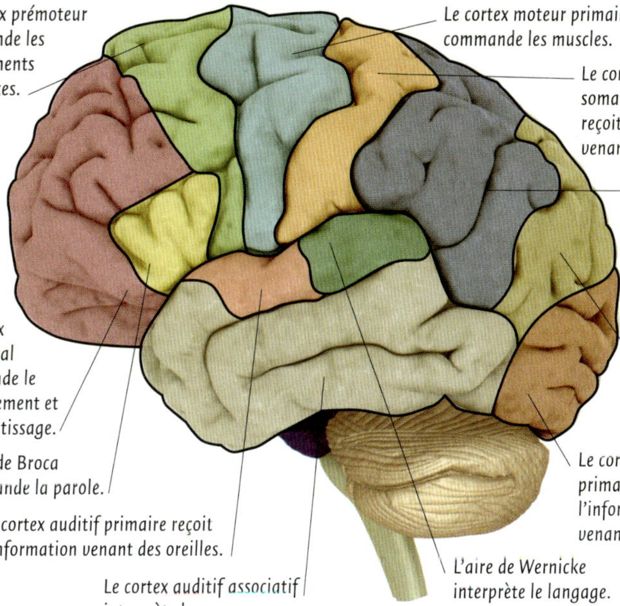

TOPOGRAPHIE DU CERVEAU

Chaque aire du cortex cérébral est le siège de tâches spécifiques, comme le montre cette carte de l'hémisphère gauche. Les aires sensorielles du cortex, comme le cortex somatosensoriel (toucher) ou le cortex visuel primaire (vue), traitent les informations fournies par les récepteurs sensoriels (p. 26-27). Les aires motrices, comme le cortex moteur primaire ou le cortex prémoteur, commandent les mouvements du corps. Le cortex cérébral se compose en grande partie d'aires associatives, qui interprètent et analysent les données servant à l'apprentissage et à la mémoire.

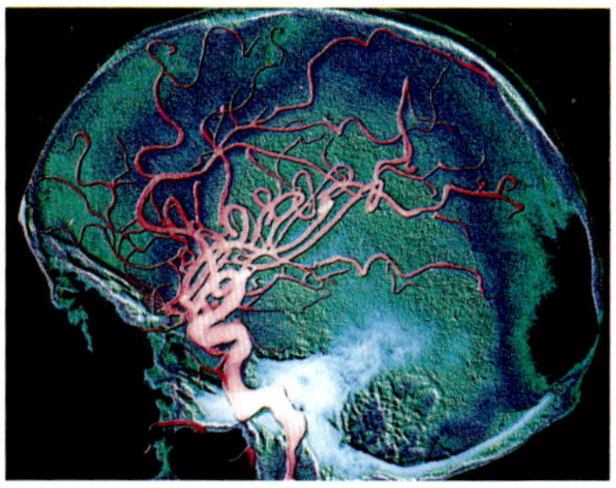

BIEN IRRIGUÉ

Cette angiographie cérébrale aux rayons X, réalisée après qu'un produit de contraste a été injecté dans le sang, met les vaisseaux cérébraux en évidence. Bien qu'il ne représente que 2 % du poids du corps, le cerveau est extrêmement irrigué (20 % du sang), car, pour fonctionner normalement, il lui faut beaucoup d'oxygène et de glucose.

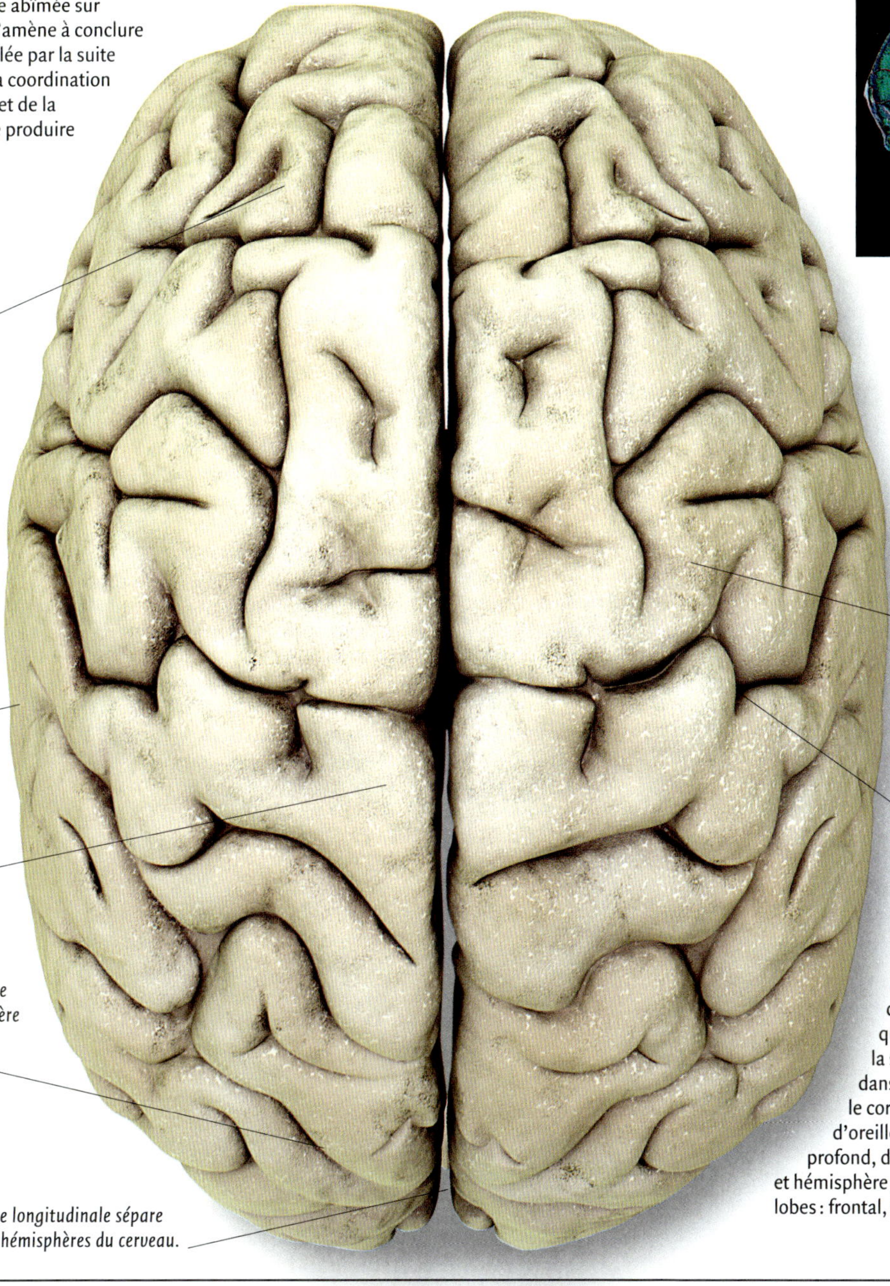

L'ENCÉPHALE VU DU DESSUS

Du dessus, seul le cerveau est visible, ou tout au moins la membrane qui l'enveloppe, appelée cortex cérébral : celle-ci présente quantité de circonvolutions et de sillons, qui en accroissent considérablement la superficie et lui permettent de tenir dans la boîte crânienne. Entièrement déplié, le cortex aurait les dimensions d'une taie d'oreiller. La fissure longitudinale, sillon le plus profond, divise le cerveau en hémisphère droit et hémisphère gauche, eux-mêmes divisés en quatre lobes : frontal, temporal, pariétal et occipital.

À L'INTÉRIEUR DU CERVEAU

L'observation interne de l'encéphale livre quantité d'informations sur la structure et le fonctionnement de cet organe. Sous le cervelet se trouvent le thalamus (sorte de station relais pour les influx nerveux entrants) et l'hypothalamus (qui contrôle nombre d'activités organiques automatiques). Également invisible de l'extérieur, le système limbique, centre émotionnel de l'encéphale, est le siège des instincts, de la mémoire et des sentiments. Un liquide, dit céphalo-rachidien ou cérébro-spinal, circule en permanence à l'intérieur et autour de l'encéphale et de la moelle épinière. Produit par les capillaires des ventricules, il contribue à l'alimentation des cellules cérébrales. Si la structure de l'encéphale est désormais bien connue, il reste des zones d'ombre quant aux mécanismes de la pensée et des rêves.

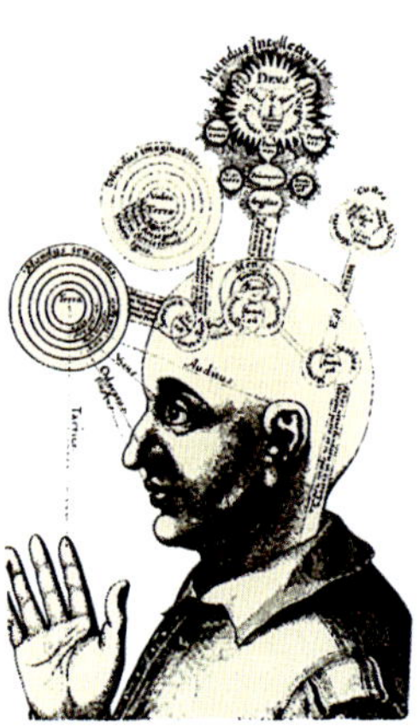

INTELLIGENCE LIQUIDE
On considérait jadis l'intelligence et autres facultés mentales comme le fait de mystérieux esprits animaux emplissant les ventricules cérébraux. Sur cette illustration du XIIe siècle, chaque ventricule est associé à une qualité mentale, telle que l'imagination. De nos jours, la science met en rapport les facultés cérébrales avec les différents territoires de la partie solide du cerveau.

CHOSES DE L'ESPRIT
Le médecin autrichien Sigmund Freud (1856-1939) fut l'un des pionniers de la psychiatrie, discipline consacrée au traitement des maladies mentales. La psychanalyse, qu'il a fondée, recherche l'origine des troubles psychiques dans l'inconscient. Depuis l'époque de Freud, cette méthode a beaucoup progressé en admettant le lien entre troubles mentaux et anomalies dans la structure ou le fonctionnement biochimique du cerveau.

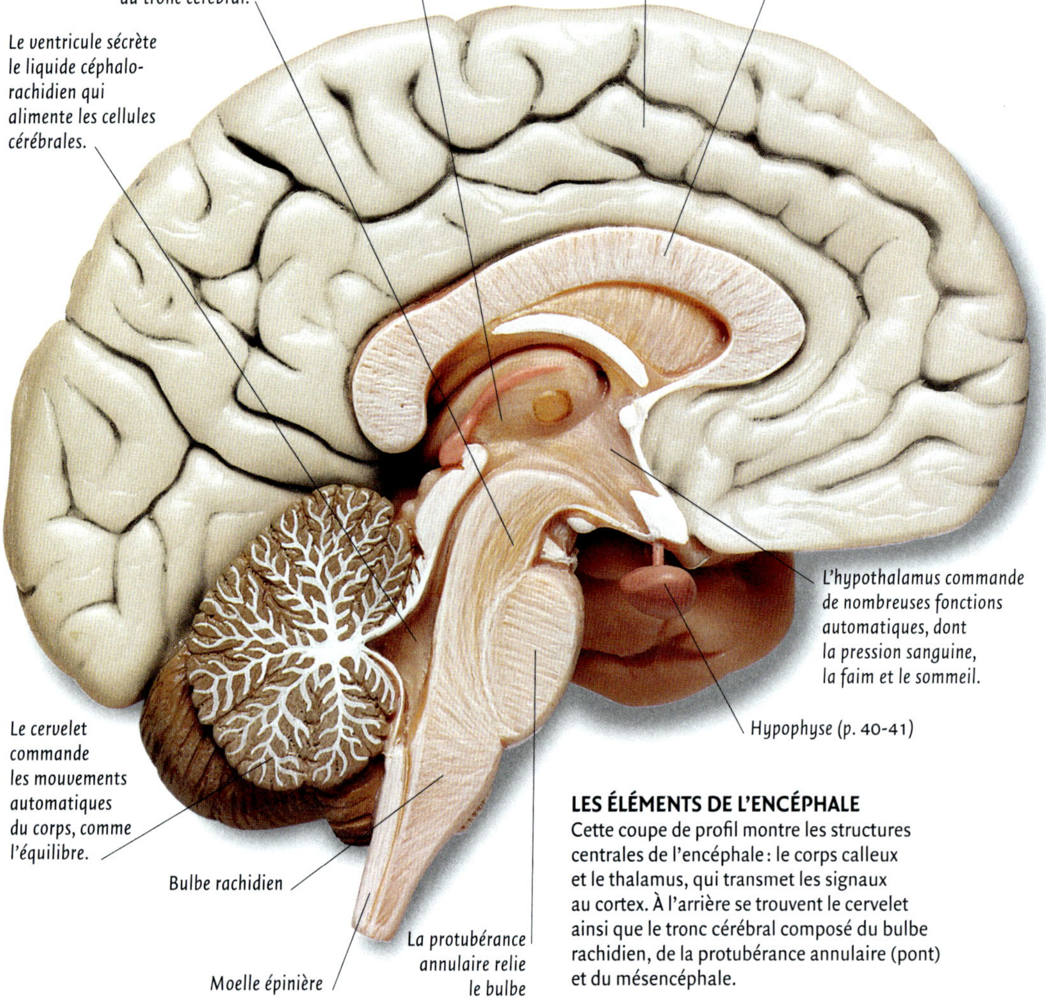

LES ÉLÉMENTS DE L'ENCÉPHALE
Cette coupe de profil montre les structures centrales de l'encéphale : le corps calleux et le thalamus, qui transmet les signaux au cortex. À l'arrière se trouvent le cervelet ainsi que le tronc cérébral composé du bulbe rachidien, de la protubérance annulaire (pont) et du mésencéphale.

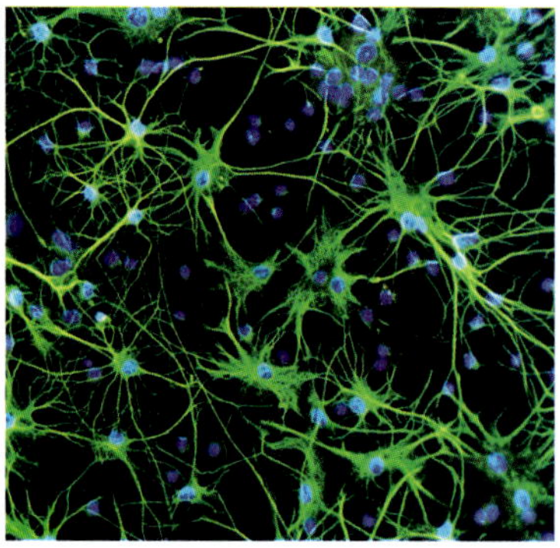

LES CELLULES DE SOUTIEN
Plus de 90 % des cellules du système nerveux sont non pas des neurones (cellules nerveuses), mais des cellules gliales ou cellules de soutien, dont ces astrocytes vus au microscope qui alimentent les neurones en nutriments. D'autres cellules gliales ont pour fonction de détruire les bactéries ou de former la gaine isolante qui entoure les axones (fibres nerveuses).

ABÎMES DE RÉFLEXION

Le Penseur, célèbre sculpture d'Auguste Rodin (1840-1917), représente la concentration profonde. Lorsqu'on pense intensément à quelque chose, le regard a tendance à se perdre dans le vide, comme pour permettre à la pensée de se concentrer entièrement sur son objet.

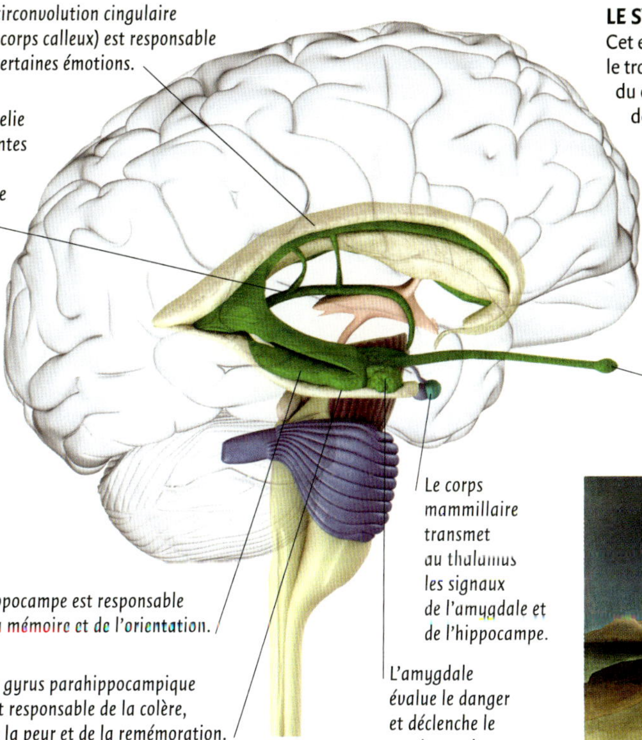

LE SYSTÈME LIMBIQUE

Cet ensemble de structures chaînées, coiffant le tronc cérébral, entre les deux hémisphères du cerveau, forme le système limbique, siège des émotions, telles que plaisir, colère, espoir ou déception. C'est grâce à lui que nous éprouvons la peur et prenons conscience du danger. Il commande également la mémoire et prend part à l'odorat, ce qui explique que certaines odeurs puissent susciter des émotions et faire ressurgir des souvenirs.

DOUX RÊVES

L'œuvre d'Henri Rousseau (1844-1910), dit le Douanier Rousseau, compte nombre de scènes de rêves, comme ce tableau intitulé *La Bohémienne endormie*. Lorsqu'on dort, les rêves mêlent facilement expériences réelles ou éléments de la vie courante et événements étranges. Cela pourrait être dû au fait que, durant le sommeil, le cerveau passe en revue les expériences récentes dans le désordre et stocke les événements importants dans la mémoire. Les rêves seraient un effet secondaire de cette activité cérébrale.

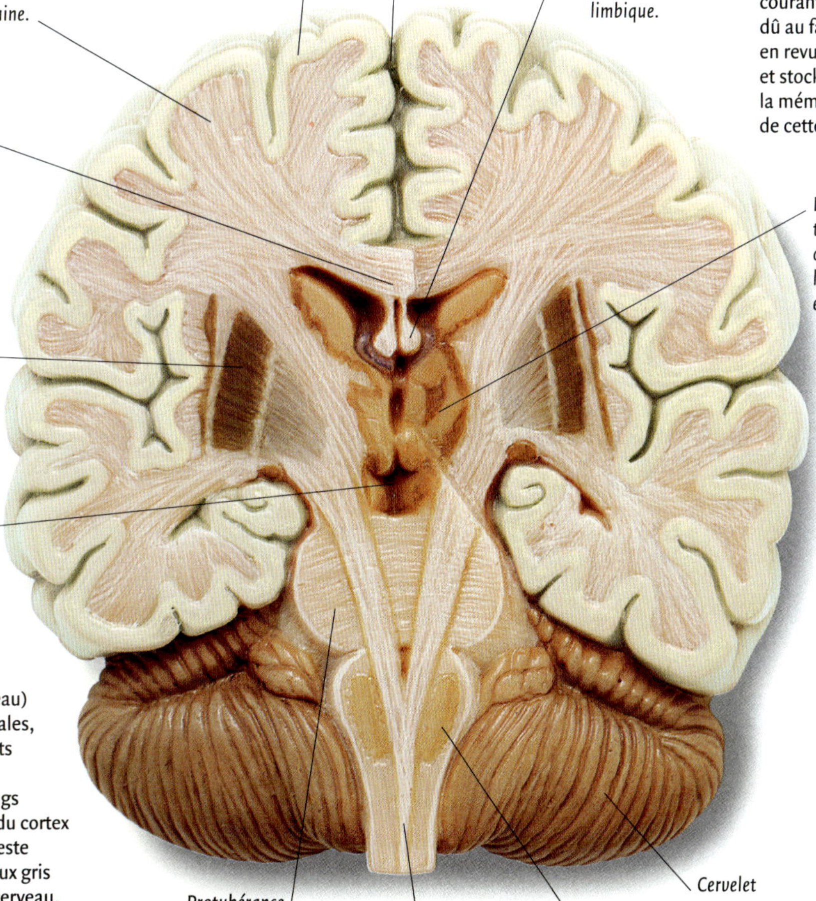

GRISE ET BLANCHE

Sur cette coupe frontale de l'encéphale, on voit la substance grise dont se compose le cortex cérébral (couche superficielle du cerveau) constituée de cellules neuronales, de dendrites et d'axones courts (p. 27). La substance blanche se compose d'axones plus longs reliant les différentes parties du cortex entre elles, ou le cerveau au reste du système nerveux. Les noyaux gris centraux, situés à la base du cerveau, commandent les mouvements du corps.

L'ESPRIT ET LE CORPS

Les chercheurs continuent à s'interroger sur certaines caractéristiques troublantes du cerveau humain. Certains espèrent prouver que le fonctionnement de l'esprit n'est pas entièrement réductible aux influx nerveux et aux processus chimiques. D'après eux, certaines techniques, comme la méditation, pratiquée ici par un moine bouddhiste, permettraient à l'esprit de dépasser les limites physiques du corps.

LA PEAU ET LE TOUCHER

Pouvant peser jusqu'à 5 kg chez l'adulte, la peau est l'organe le plus grand du corps humain. Elle est directement impliquée dans le toucher, mais, contrairement aux autres organes sensoriels, comme les yeux, son rôle ne s'arrête pas là. La couche superficielle de la peau, l'épiderme, est résistante, empêche l'eau, les poussières, les microbes et les rayons ultraviolets de pénétrer, et se régénère continuellement car elle s'use vite. Sous l'épiderme, le derme, plus épais, est parsemé de récepteurs sensoriels, de nerfs et de vaisseaux sanguins. Si le corps a chaud, les glandes sudoripares, qui y siègent, produisent davantage de sueur pour le rafraîchir, l'aidant à conserver une température constante de 37 °C. Les cheveux et les ongles, extensions de l'épiderme, offrent une protection supplémentaire.

SYSTÈME RÉFRIGÉRANT
Cette image au microscope MEB montre l'un des quelque 3 millions de pores sudoraux de l'épiderme, par où s'écoule la sueur, liquide salé produit dans le derme par les glandes sudoripares. Quand la température du corps augmente, la transpiration s'intensifie et la sueur s'évapore en surface, ce qui a pour effet de faire baisser la température.

DU BOUT DES DOIGTS
L'écriture Braille, mise au point en 1824 par Louis Braille (1809-1852), jeune Français qui avait perdu la vue à l'âge de trois ans, permet aux personnes aveugles ou malvoyantes de lire en touchant des points en relief figurant les lettres et les chiffres.

Peau

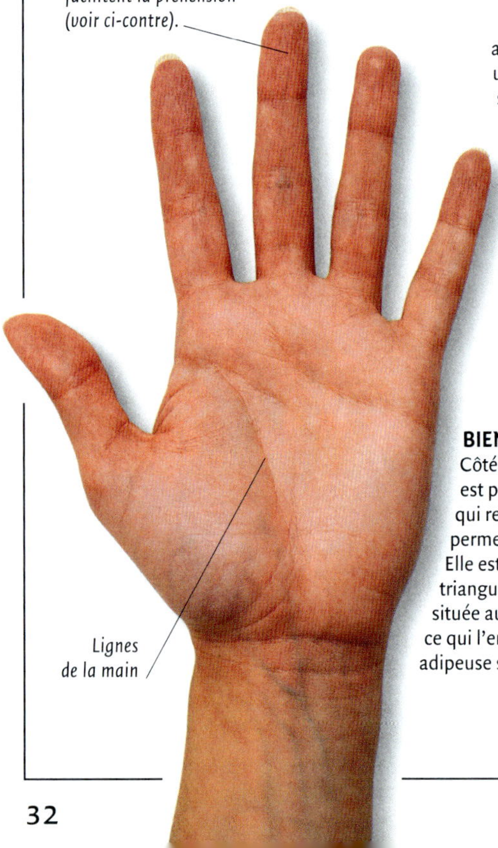

SOUS LA PEAU
La couche extérieure de l'épiderme se compose de squames, cellules mortes aplaties, imbriquées et gorgées de kératine, une protéine durcissante. À mesure qu'elles se détachent, les squames sont remplacées par de nouvelles cellules, produites par division (p. 62) dans la sous-couche de l'épiderme. Le derme, plus épais, contient les récepteurs sensoriels qui permettent de détecter contact, pression, vibration, température et douleur. C'est aussi là que se trouvent les glandes sudoripares, les follicules pileux, où naissent les poils, et les glandes sébacées, dont le sébum entretient la douceur et la souplesse de la peau.

BIEN EN MAIN
Côté paume, la peau de la main est parsemée de fines crêtes qui renforcent l'adhérence et permettent de bien attraper les objets. Elle est unie à une membrane fibreuse triangulaire (l'aponévrose palmaire) située au centre de la main, ce qui l'empêche de glisser sur la couche adipeuse sous-cutanée et sur les muscles.

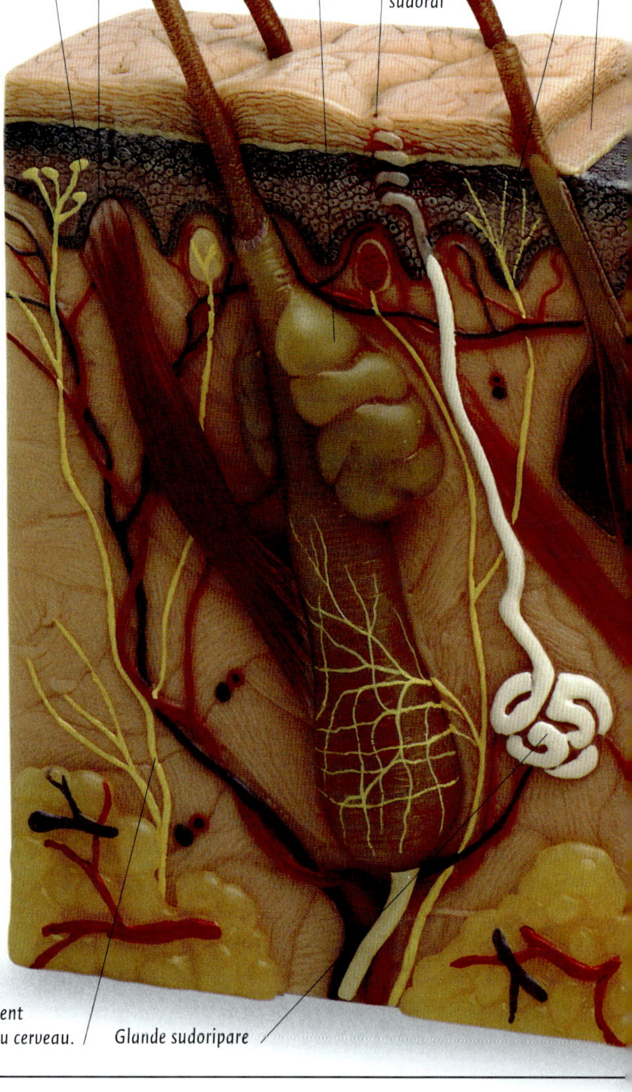

LES EMPREINTES DIGITALES

La pulpe des doigts et des orteils, la paume des mains et la plante des pieds sont couvertes de minuscules crêtes dessinant des motifs caractéristiques. Aidées par la sueur qui s'échappe des pores sudoraux, celles-ci facilitent la préhension des objets. Lorsque les doigts touchent une surface lisse, par exemple un verre, les crêtes laissent une empreinte légèrement grasse. Chaque empreinte digitale, unique, comprend trois formes principales : arc, boucle et volute.

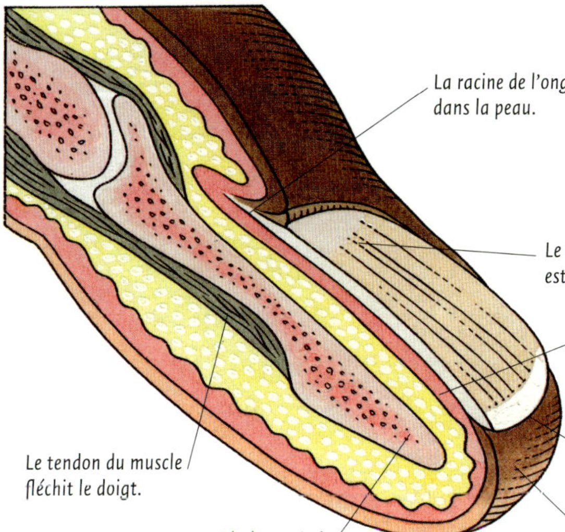

L'ONGLE, UN TISSU INSENSIBLE

Revêtement dur protégeant l'extrémité des doigts et des orteils, l'ongle, formé de cellules mortes kératinisées, est une extension de la couche cornée de l'épiderme. On peut donc le couper sans rien ressentir, exactement comme les cheveux. Chaque ongle possède un bord libre, un corps et une racine. La formation de nouvelles cellules dans la racine pousse l'ongle, qui glisse vers l'avant sur le lit de l'ongle.

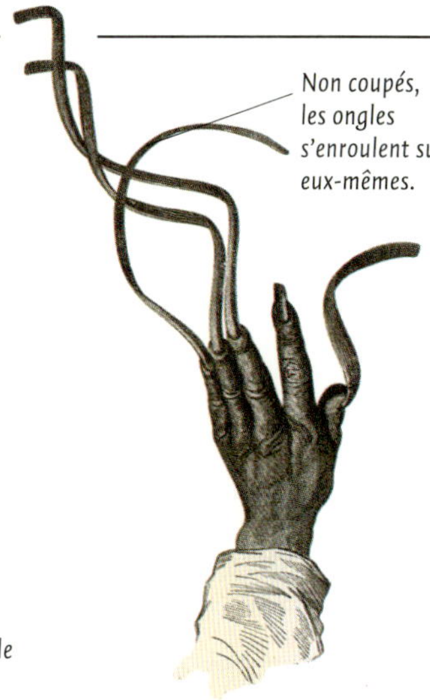

CROISSANCE DE L'ONGLE

Les ongles des mains croissent en moyenne de 3 mm par mois, un peu plus pour les doigts les plus longs, un peu moins pour les doigts plus courts, davantage en été et moins en hiver. La croissance des ongles des orteils est trois ou quatre fois plus lente. Non coupés, les ongles pourraient atteindre 1 mètre de long, voire plus.

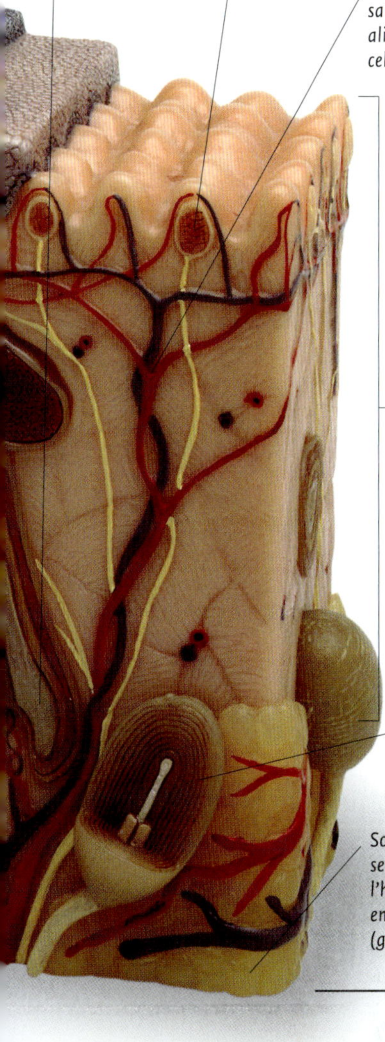

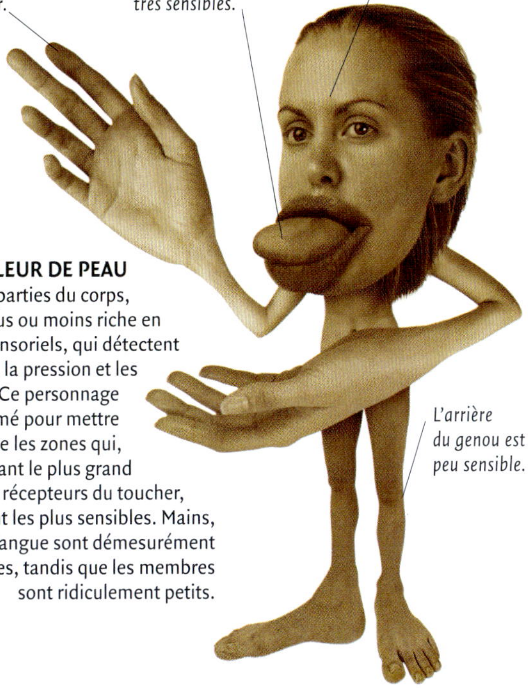

À FLEUR DE PEAU

Selon les parties du corps, la peau est plus ou moins riche en récepteurs sensoriels, qui détectent le contact, la pression et les vibrations. Ce personnage a été déformé pour mettre en évidence les zones qui, comptant le plus grand nombre de récepteurs du toucher, sont les plus sensibles. Mains, lèvres et langue sont démesurément grossies, tandis que les membres sont ridiculement petits.

MATIÈRE MORTE

Cette image au microscope MEB montre la base de deux poils. Le poil, produit à l'intérieur d'un follicule, se compose au départ de cellules vivantes, qui, à mesure qu'elles s'empilent, se « kératinisent » et meurent. Hormis les paumes de main, les plantes de pied et les lèvres, le corps est recouvert de millions de petits poils. Les cheveux, plus longs et plus épais, protègent le crâne contre les rayons du soleil et les déperditions de chaleur.

LES COULEURS DE PEAU

La couleur de la peau dépend de sa teneur en mélanine. Ce pigment brun, sécrété par des cellules de la sous-couche de l'épiderme, protège contre les rayons ultraviolets, qui peuvent abîmer les cellules cutanées et les tissus. En stimulant la production de mélanine, l'exposition modérée au soleil fonce la peau. En revanche, l'exposition soudaine d'une peau claire à un rayonnement intense peut entraîner des brûlures. Les personnes vivant ou dont les ancêtres vivaient dans des pays chauds produisent davantage de mélanine et ont la peau foncée.

L'ŒIL ET LA VUE

La vue, sens le plus développé chez l'être humain, fournit durant toute la phase de veille quantité d'informations. L'œil, qui en est l'organe, contient, sous la forme de cellules sensibles à la lumière (photosensibles), plus de 70 % de tous les récepteurs sensoriels que compte l'organisme. Les yeux bougent de façon automatique, s'ajustent aux variations de luminosité et aux distances. L'image formée sur la rétine est convertie en influx nerveux transmis par le nerf optique au cerveau où elle est « reconstituée » en trois dimensions.

VISION CROISÉE
Ce dessin extrait d'un manuscrit arabe vieux de près de 1 000 ans illustre le croisement des nerfs optiques. La moitié des fibres nerveuses issues de l'œil droit arrivent au côté gauche du cerveau, où l'information est traitée, et inversement.

Vue

LES COUCHES SUPERFICIELLES
La paroi du globe oculaire comprend trois couches. La couche protectrice externe, appelée sclère, est le blanc de l'œil, seul le « hublot » clair de la cornée laisse pénétrer la lumière. La couche intermédiaire, la choroïde, est parcourue de vaisseaux sanguins qui alimentent les deux autres couches. La couche interne est la rétine, dont les millions de cellules photosensibles envoient au cerveau l'information visuelle.

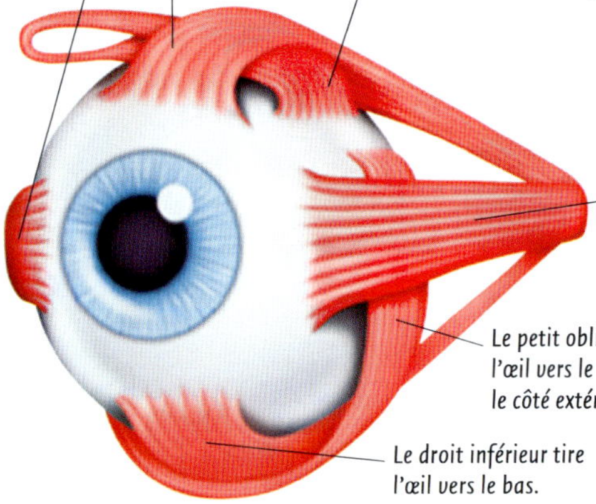

MOUVEMENTS OCULAIRES
Les yeux bougent dans toutes les directions à l'intérieur de l'orbite pour suivre les objets mobiles et tressautent lorsqu'ils parcourent un visage ou les lignes de ce livre. Les six muscles responsables de ces mouvements, attachés d'un côté à la sclère et de l'autre au crâne, travaillent en coordination pour mouvoir les yeux en tous sens.

LARMES ET PAUPIÈRES
Les paupières, souples et douces, protègent et nettoient l'œil. À chaque clignement, les larmes, sécrétées par la glande lacrymale du coin externe de l'œil, entre le sourcil et la paupière, arrivent par des petits conduits et s'étalent à la surface de l'œil, qu'elles maintiennent ainsi humide tout en éliminant les poussières et autres éléments irritants. Les pleurs, production excessive de larmes, signalent la tristesse, le bonheur intense ou la douleur. Le liquide lacrymal s'évacue par deux petits trous situés dans l'angle nasal, reliés au nez par les canaux lacrymaux. C'est pourquoi les pleurs s'accompagnent souvent de mouchage.

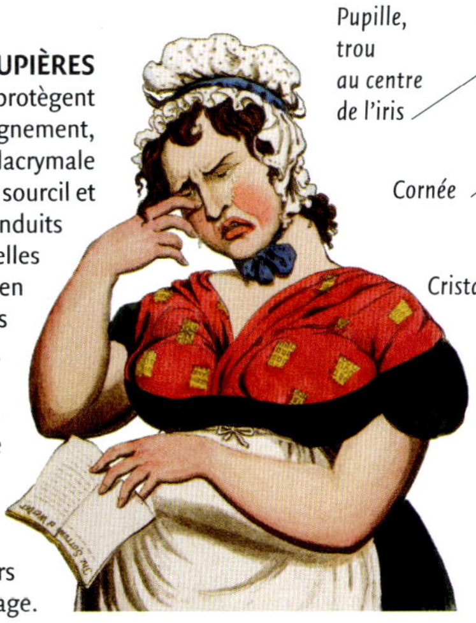

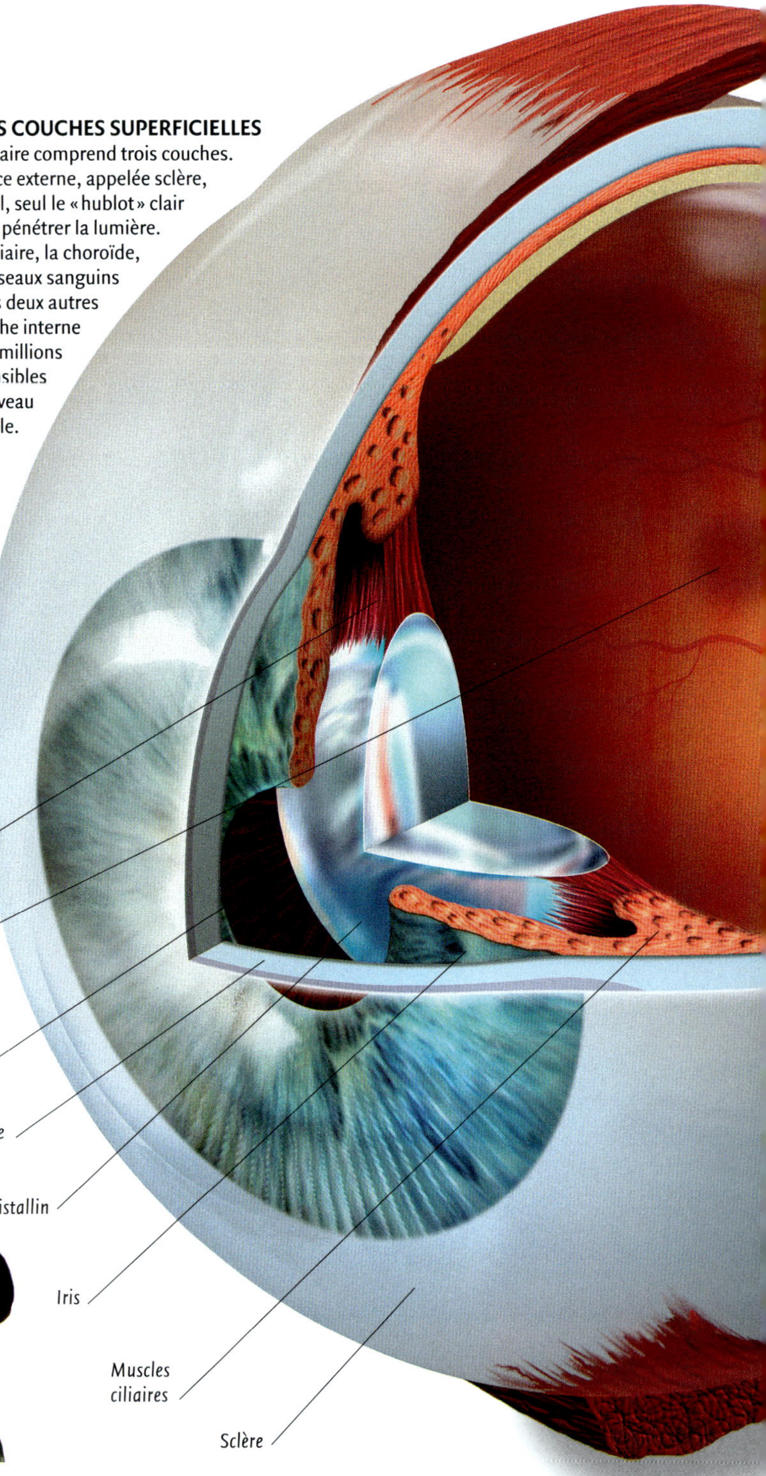

L'ŒIL DE FACE

Seul un sixième du globe oculaire, dont la pupille et l'iris, est visible de l'extérieur. Le reste est caché bien à l'abri dans l'orbite, cavité osseuse du crâne. Les sourcils, les paupières et les cils forment un écran qui protège l'avant de l'œil des poussières, de la sueur et de l'excès de lumière. La couleur de l'iris dépend de sa teneur en mélanine (pigment brun). Les yeux marron sont ceux qui en contiennent le plus.

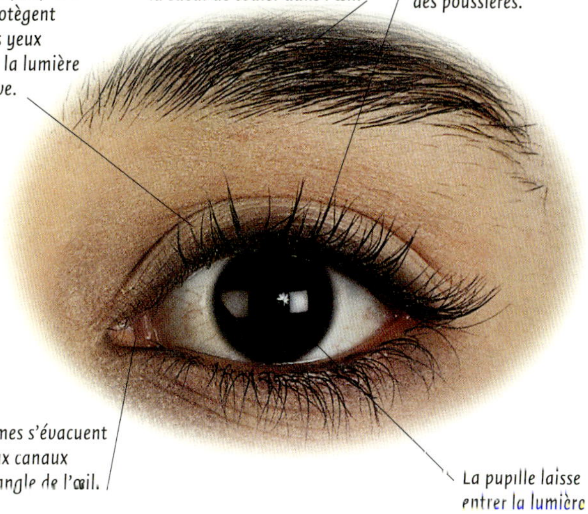

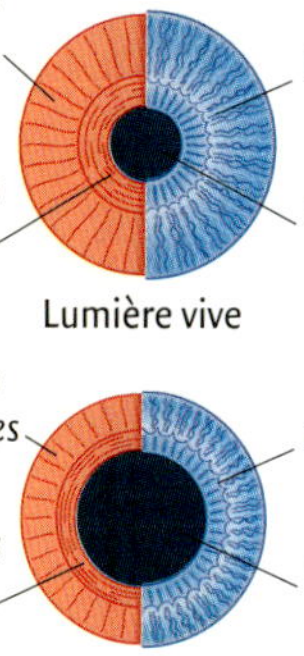

UNE PUPILLE VARIABLE

Les fibres musculaires (en rouge) de l'iris (en bleu) ajustent automatiquement la taille de la pupille, qui rapetisse en cas de forte luminosité par contraction des fibres circulaires pour éviter l'éblouissement et grandit dans la pénombre par contraction des fibres radiales (disposées en rayons) afin de laisser pénétrer plus de lumière.

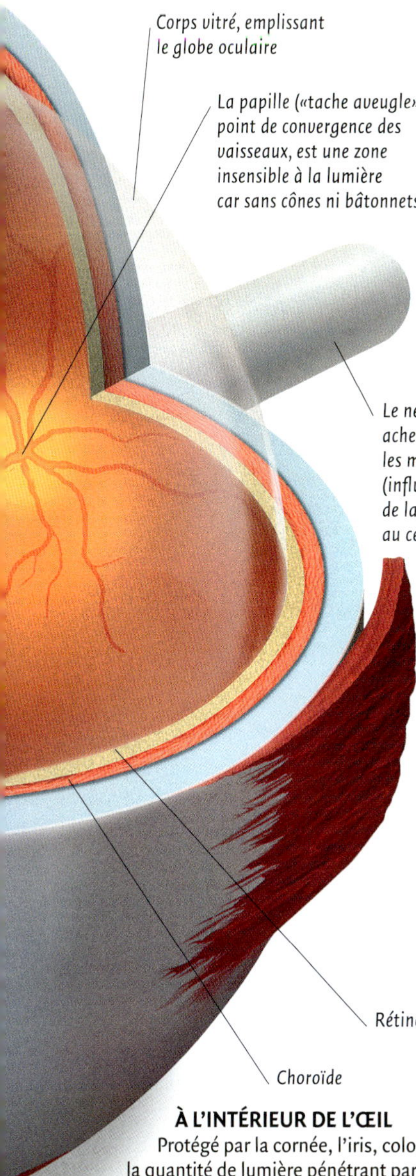

LA CRÉATION DE L'IMAGE

L'œil fonctionne comme un appareil photo. Les rayons lumineux traversent la cornée, la pupille et le cristallin pour parvenir à la rétine. Ils sont réfractés à travers la cornée et le cristallin pour se focaliser sur la rétine. Là, se forme une image réelle mais inversée. Les messages lumineux (réactions chimiques) sont convertis en influx nerveux transmis au cerveau, qui rétablit l'image à l'endroit.

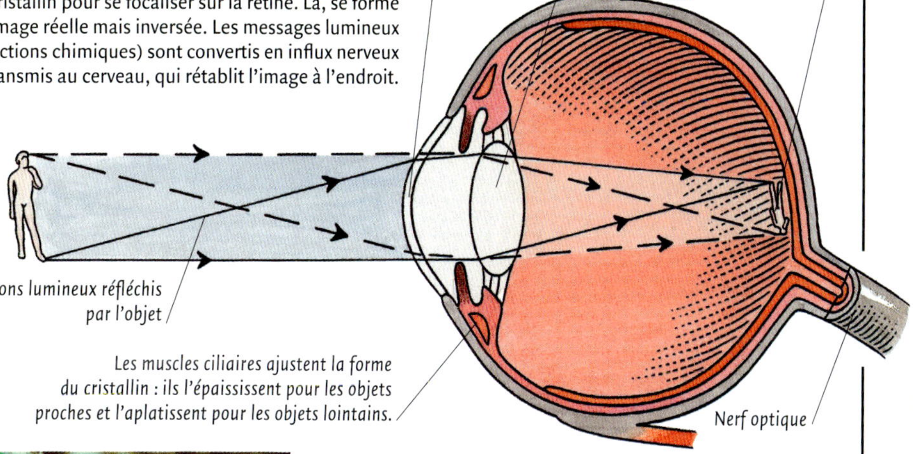

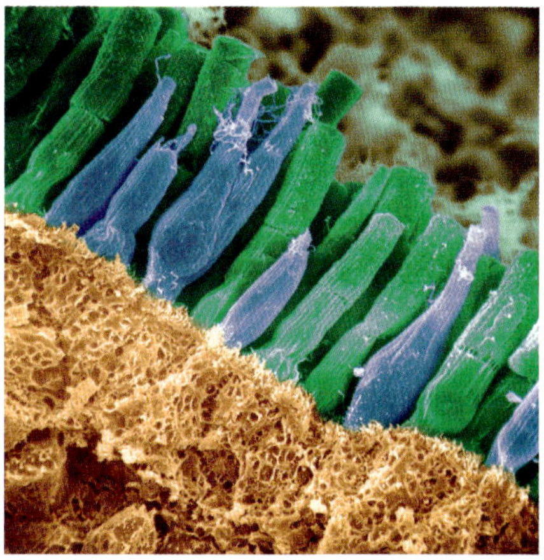

LES CELLULES DE LA VISION

Cette image au microscope MEB montre la présence dans la rétine de deux types de cellules photosensibles. Les bâtonnets (en vert), très sensibles à la lumière, permettent la vision nocturne. Les cônes (en bleu), concentrés dans la macula, assurent la perception des couleurs. Chaque œil contient environ 120 millions de bâtonnets et 6 ou 7 millions de cônes.

PROGRÈS EN OPHTALMOLOGIE

Hermann von Helmholtz (1821-1894), mathématicien et physicien allemand, est aussi l'auteur de plusieurs travaux sur le corps, dont un *Manuel d'optique physiologique* (1856-1867). Il participa à l'invention de l'ophtalmoscope, instrument équipé d'une source lumineuse, dont les médecins se servent toujours pour examiner l'intérieur de l'œil.

À L'INTÉRIEUR DE L'ŒIL

Protégé par la cornée, l'iris, coloré, contrôle la quantité de lumière pénétrant par la pupille. Derrière le cristallin, lentille transparente et bombée maintenue par le ligament suspenseur, l'intérieur de l'œil contient une matière gélatineuse, appelée corps vitré, qui permet à l'œil de conserver sa forme sphérique. Les détails perçus lors de la vision se font lorsque la lumière frappe la fovéa, le centre de la macula, qui ne contient que des cônes (voir ci-dessus).

L'OREILLE ET L'OUÏE

L'ouïe est le sens qui, après la vue, informe le plus le cerveau sur le monde extérieur : elle permet de déterminer la source, la direction et la nature des sons ainsi que de communiquer par la parole. L'audition repose sur la captation des ondes sonores, variations de pression invisibles se propageant dans l'air à partir d'une source vibrante. Les ondes sont converties par l'oreille en influx nerveux, que le cerveau interprète. L'oreille humaine est capable de percevoir une gamme de sons assez étendue aussi bien en termes de volume – des notes délicates d'une flûte jusqu'au bruit assourdissant d'une guitare électrique – que de fréquence – du grognement sourd d'un chien jusqu'aux chants stridents d'un passereau. Les savants de l'Antiquité et du Moyen Âge s'étant peu intéressés à l'oreille et à l'ouïe, il fallut attendre le XVe siècle pour voir apparaître les premières études scientifiques sérieuses sur le sujet.

ÉCOUTE IMAGINAIRE
Le grand compositeur allemand Ludwig von Beethoven (1770-1827) commença à devenir sourd alors qu'il n'avait pas encore 30 ans. Malgré ce handicap, il continua à composer au piano en « entendant » les sons dans sa tête. C'est ainsi qu'il écrivit certaines de ses plus belles œuvres.

PIONNIER DE L'OREILLE
De auditus organi, publié en 1562, fut probablement le premier ouvrage scientifique entièrement consacré à l'oreille. Son auteur, Bartolomeo Eustachi (vers 1503-1574), était professeur d'anatomie à Rome. La trompe d'Eustache, conduit reliant l'oreille moyenne au rhino-pharynx, qu'il fut le premier à décrire, porte son nom.

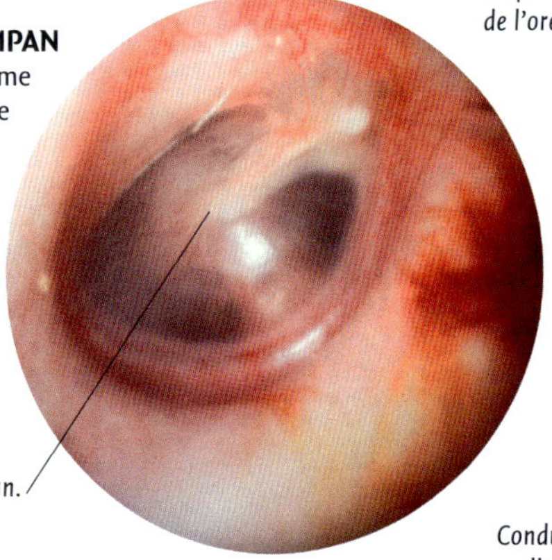

LE TYMPAN
Le tympan, fine membrane tendue comme la peau d'un tambour entre l'oreille externe et l'oreille moyenne, vibre sous l'action des ondes sonores. Pour l'examiner, les médecins introduisent dans le conduit auditif externe un instrument appelé otoscope. Derrière le tympan se devine en transparence le marteau, premier des trois osselets (voir ci-après).

LES OREILLES BOUCHÉES
L'air qui passe dans le pharynx pénètre aussi dans l'oreille moyenne via la trompe d'Eustache : cela permet d'équilibrer la pression de part et d'autre du tympan, lequel, pour une audition distincte, doit pouvoir vibrer librement. Toute augmentation brusque de la pression de l'air externe – comme en avion lors du décollage ou de l'atterrissage – peut entraver le tympan, ce qui se traduit par une baisse d'audition. Bâiller ou déglutir provoque une arrivée d'air dans l'oreille moyenne et rétablit la situation.

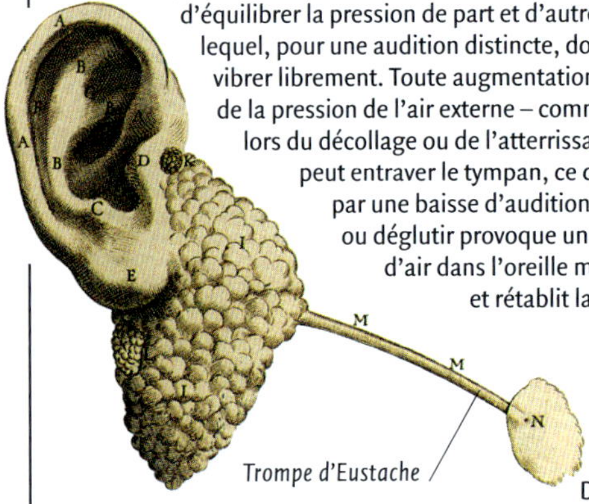

Dessin du XVIIIe siècle représentant l'oreille

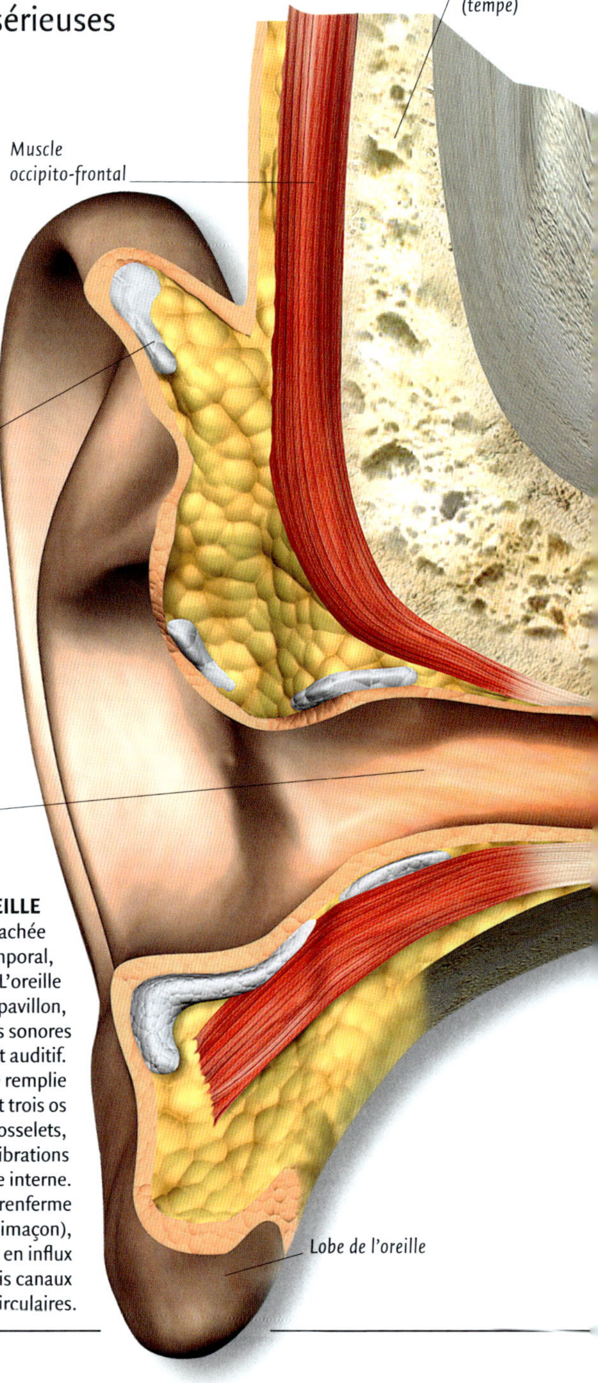

À L'INTÉRIEUR DE L'OREILLE
L'oreille, en grande partie cachée à l'intérieur de l'os temporal, comprend trois parties. L'oreille externe se compose du pavillon, qui dirige les ondes sonores vers l'intérieur du conduit auditif. L'oreille moyenne, cavitée remplie d'air, comprend le tympan et trois os minuscules, les osselets, qui transmettent les vibrations du tympan jusqu'à l'oreille interne. Celle-ci, remplie de liquide, renferme le vestibule, la cochlée (ou limaçon), organe convertissant le son en influx nerveux, et trois canaux semi-circulaires.

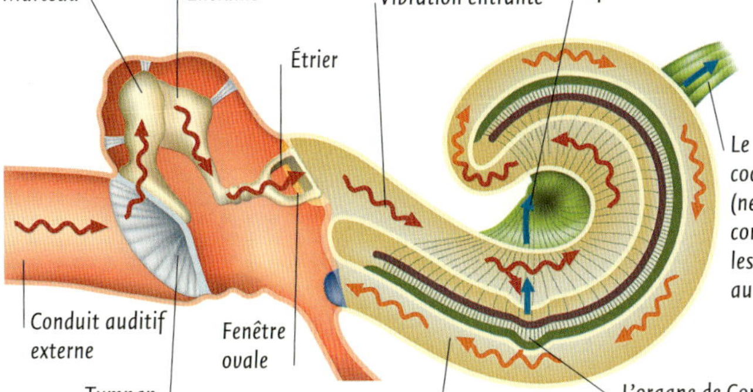

L'AUDITION

L'oreille recueille les ondes sonores, qui s'engouffrent dans le conduit auditif et vont frapper le tympan, qu'elles font vibrer. Les trois osselets, reliés par de minuscules articulations, font des petits mouvements de va-et-vient. L'étrier, os le plus interne, tire et pousse sur la fenêtre ovale comme un piston, faisant ainsi vibrer le liquide cochléaire. L'organe de Corti, situé dans le canal cochléaire, convertit les vibrations en messages (influx nerveux), transmis à l'aire auditive du cerveau via le nerf cochléaire.

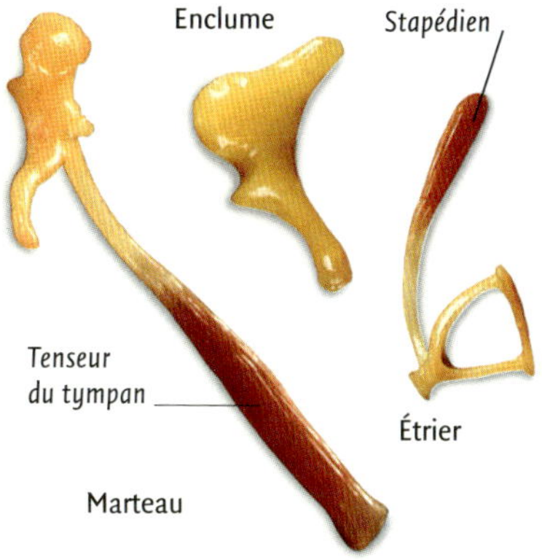

LES OSSELETS

À l'intérieur de l'oreille moyenne, les osselets, baptisés enclume, étrier et marteau en référence à leur forme, sont les plus petits os du corps humain. Le tenseur du tympan et le stapédien, deux tout petits muscles, y sont attachés. Lorsque des sons très forts frappent l'oreille, ils se contractent afin d'atténuer les vibrations du tympan et le mouvement des osselets, qui sinon risquerait d'endommager l'oreille interne.

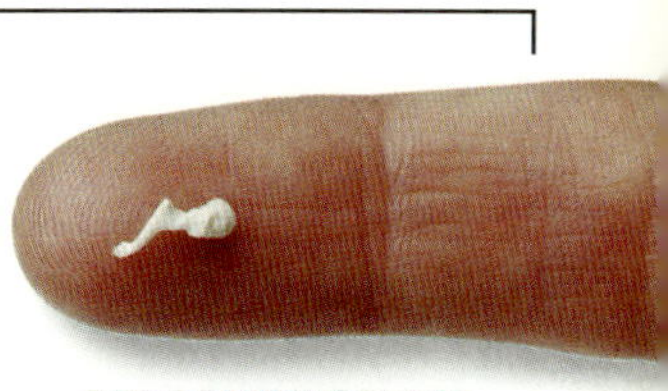

DES OS MINUSCULES

Les osselets sont tout petits. Le marteau, représenté ici grandeur nature, mesure environ 8 mm de long. L'étrier est deux fois plus petit.

@ ⏭ Ouïe

L'OREILLE INTERNE

L'oreille interne, à l'intérieur de l'os temporal, est formée du labyrinthe, un ensemble de canaux tapissés de membranes et remplis de liquide. Il se divise en deux parties : la cochlée (ou limaçon) qui est responsable de l'audition, et le vestibule qui est l'organe de l'équilibre.

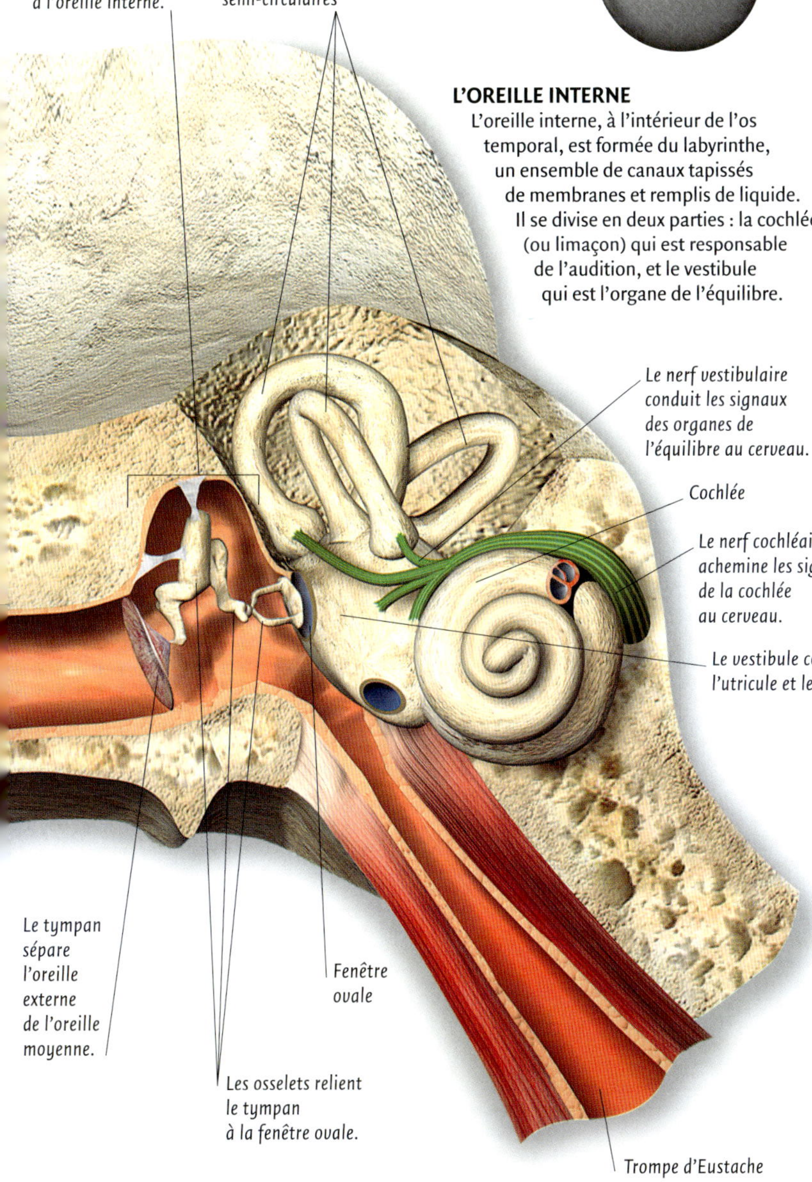

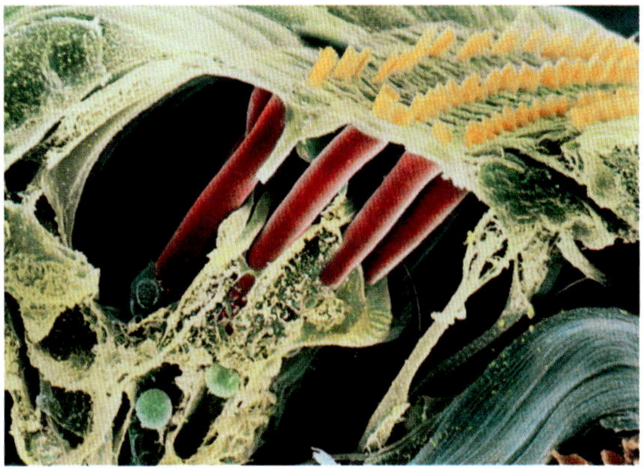

L'ORGANE DE CORTI

L'organe de Corti se compose d'une rangée de cellules ciliées (en rouge), surmontées chacune d'une touffe de cils (en jaune). Si des vibrations sonores traversent le liquide de la cochlée, les cellules ciliées vibrent de haut en bas, ce qui comprime les cils. Cette pression est traduite par les cellules ciliées en signaux transmis au cerveau.

UN BON ÉQUILIBRE

L'oreille interne renferme des organes qui permettent de conserver l'équilibre. Les trois canaux semi-circulaires détectent toutes les rotations de la tête, tandis que l'utricule et le saccule identifient sa position dans l'espace et perçoivent les accélérations, telles celles éprouvées dans certains ascenseurs. Ces organes tiennent le cerveau constamment informé afin qu'il procède aux ajustements nécessaires à l'équilibre du corps.

LE GOÛT ET L'ODORAT

Le goût et l'odorat sont deux sens étroitement liés, car ils détectent tous deux des molécules chimiques. Les récepteurs gustatifs de la langue perçoivent les molécules de saveur des aliments, et les récepteurs olfactifs des fosses nasales captent les molécules odorantes présentes dans l'air. Ensemble ils permettent d'identifier la saveur des produits consommés. L'odorat est nettement plus développé que le goût, si bien qu'en cas de nez bouché, tout paraît insipide. Ces deux sens jouent aussi un rôle protecteur, car ils signalent certains dangers comme les aliments avariés, identifiés à leur goût et à leur odeur désagréables.

MIASMES
Les médecins ont longtemps cru que les maladies étaient dues à l'air vicié. Cette gravure du XIVe siècle montre l'un d'eux portant à son nez une pomme d'ambre, boule contenant des herbes aromatiques, pour masquer les mauvaises odeurs et se protéger de la contamination.

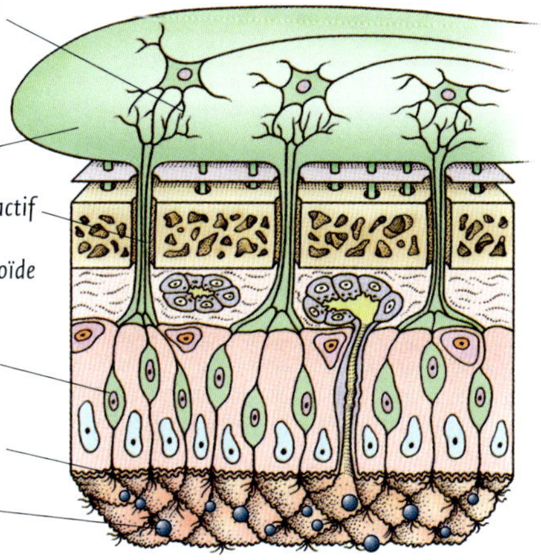

À L'INTÉRIEUR DU NEZ
Cette vue montre la voûte nasale en coupe de profil. La muqueuse (en rose) contient des milliers de récepteurs olfactifs qui, lorqu'ils détectent les molécules odorantes présentes dans l'air, excitent les cils vibratiles des cellules olfactives. L'information, via les axones, est transmise au bulbe olfactif du cerveau.

Odorat

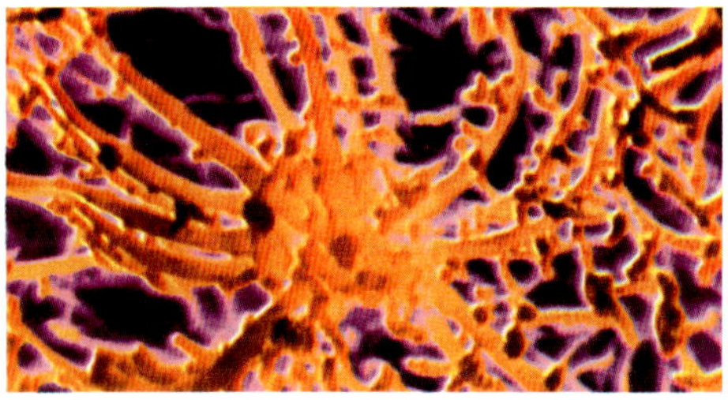

DÉTECTEURS D'ODEURS
Cette image au microscope MEB montre les cils d'une cellule olfactive. En se dissolvant dans le mucus, les molécules odorantes se collent aux cils, déclenchant l'envoi de signaux à destination du cerveau. Les récepteurs olfactifs peuvent capter des milliers d'odeurs.

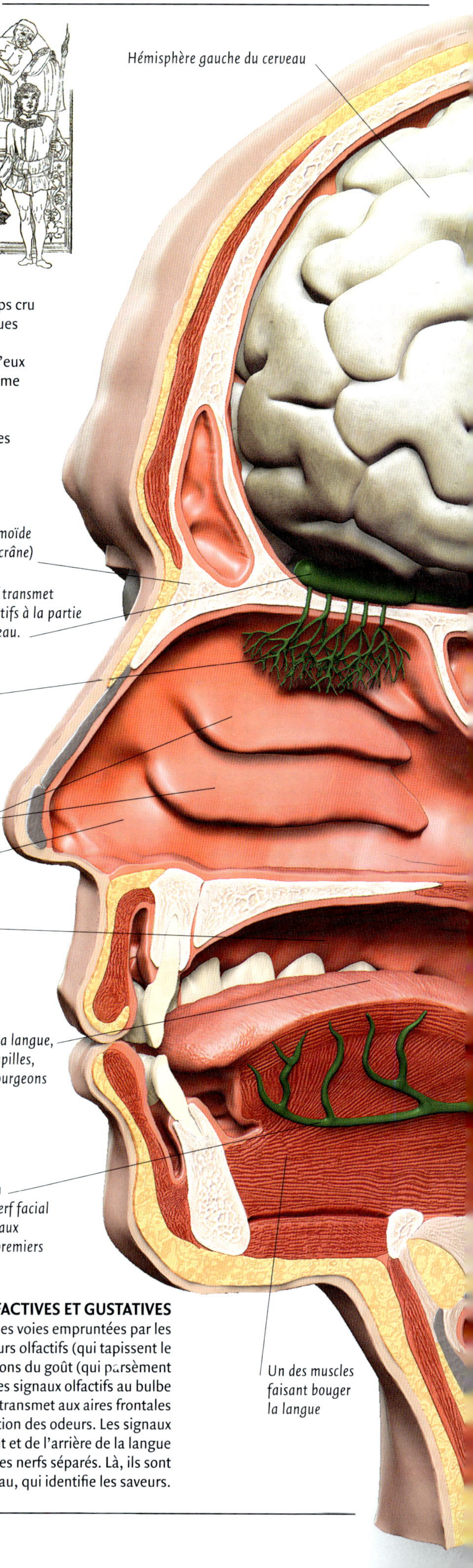

VOIES OLFACTIVES ET GUSTATIVES
Cette vue de la tête en coupe montre les voies empruntées par les influx nerveux provenant des récepteurs olfactifs (qui tapissent le haut des fosses nasales) et des bourgeons du goût (qui parsèment la langue). Le nerf olfactif conduit les signaux olfactifs au bulbe olfactif, qui les transmet aux aires frontales du cerveau responsables de l'identification des odeurs. Les signaux gustatifs provenant de l'avant et de l'arrière de la langue parviennent au bulbe rachidien par des nerfs séparés. Là, ils sont transmis à l'aire gustative du cerveau, qui identifie les saveurs.

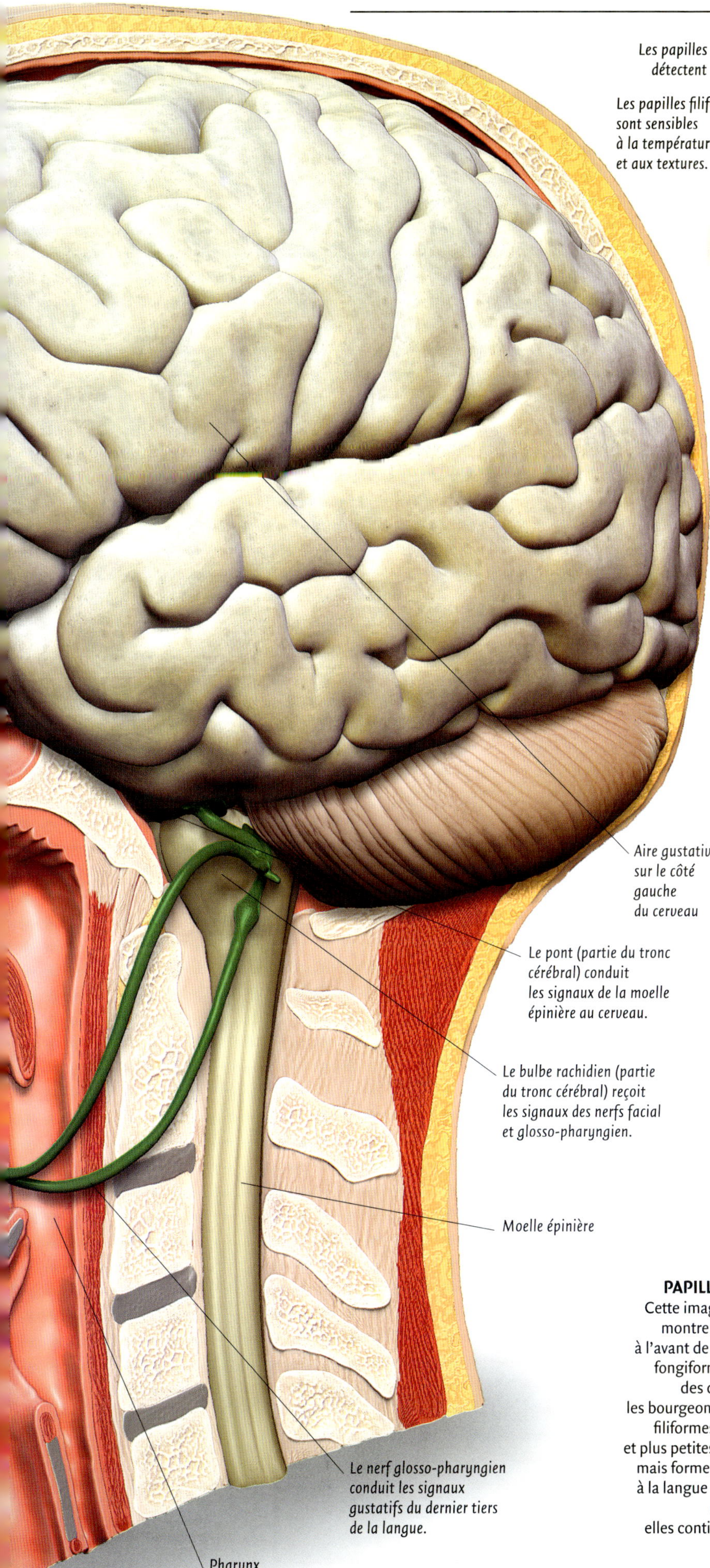

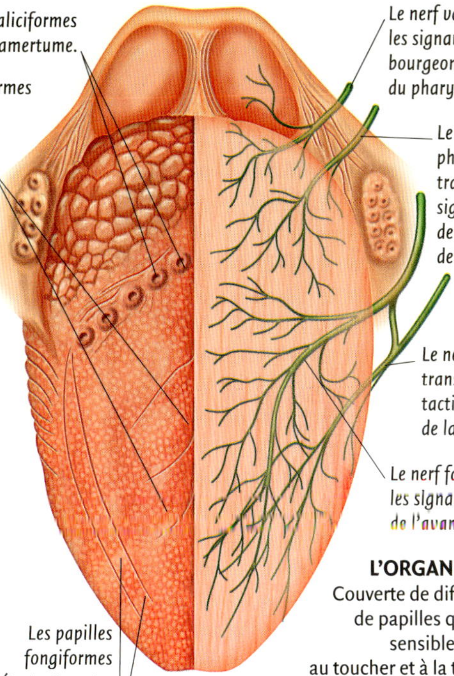

L'ORGANE DU GOÛT

Couverte de différents types de papilles qui la rendent sensible aux saveurs, au toucher et à la température, la langue, tissu musculaire, mélange et apprécie (ou non) les aliments. Les nerfs, très nombreux, qui l'irriguent acheminent les divers types d'informations sensorielles à différentes parties du cerveau.

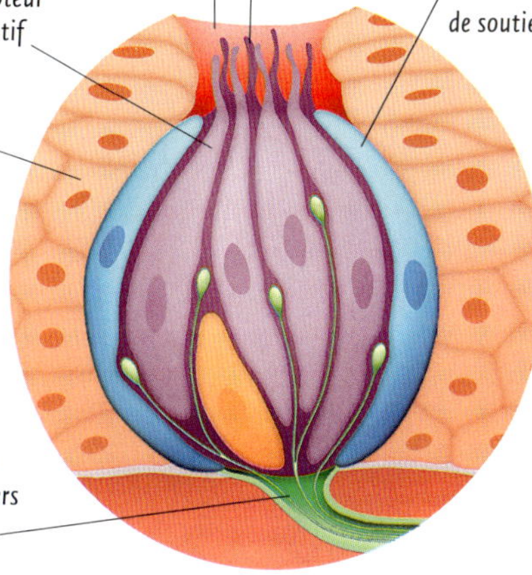

LES BOURGEONS DU GOÛT

La langue compte environ 10 000 bourgeons du goût, capteurs présents à l'intérieur et au sommet de certaines papilles. Les molécules de saveur, qui se dissolvent dans la salive durant la mastication, pénètrent dans le bourgeon par un pore. Là, les cils surmontant les récepteurs gustatifs détectent l'une des cinq saveurs – sucré, acide, salé, amer ou umami.

PAPILLES ET BOURGEONS

Cette image au microscope MEB montre deux types de papilles à l'avant de la langue. Les papilles fongiformes, arrondies comme des champignons, abritent les bourgeons du goût. Les papilles filiformes, fines comme des fils et plus petites, en sont dépourvues, mais forment un relief qui permet à la langue de retenir les aliments durant la mastication ; elles contiennent des récepteurs sensibles à la texture et à la température.

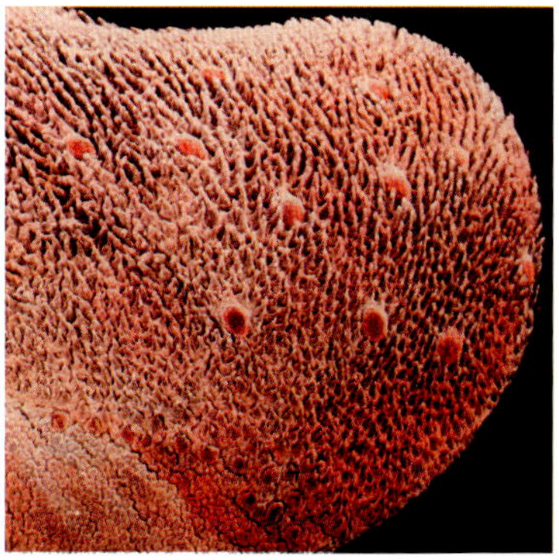

Le système hormonal

En plus des nerfs et du cerveau, le corps possède un autre système de commande : le système hormonal, ou endocrinien, ensemble de glandes libérant dans le sang des messagers chimiques. Ces substances, appelées hormones, régissent plusieurs processus physiologiques, comme la croissance ou la procréation, en modifiant l'activité chimique de cellules spécifiques. Contrairement au système nerveux, qui utilise des signaux électriques et agit rapidement, le système hormonal est plutôt lent, mais ses effets sont plus durables. L'hypophyse, principal organe endocrine, agit sur le fonctionnement d'autres glandes ; elle est parfois commandée par l'hypothalamus, partie du cerveau servant d'interface entre les systèmes nerveux et hormonal.

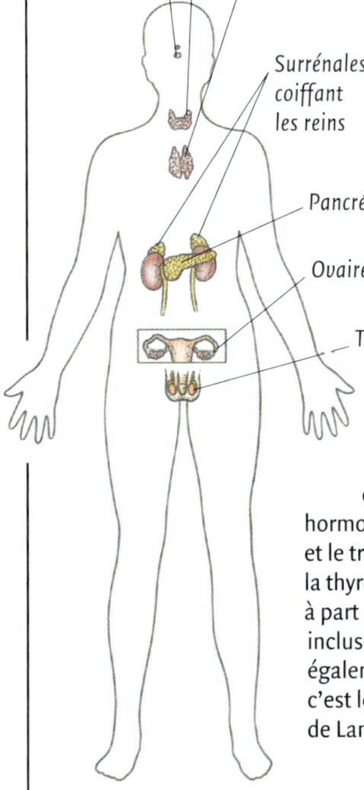

LES GLANDES ENDOCRINES
Les glandes qui composent le système hormonal sont situées dans la tête et le tronc. Certaines, comme la thyroïde, constituent des organes à part entière. Les autres sont incluses dans des organes ayant également d'autres fonctions ; c'est le cas par exemple des îlots de Langerhans pour le pancréas.

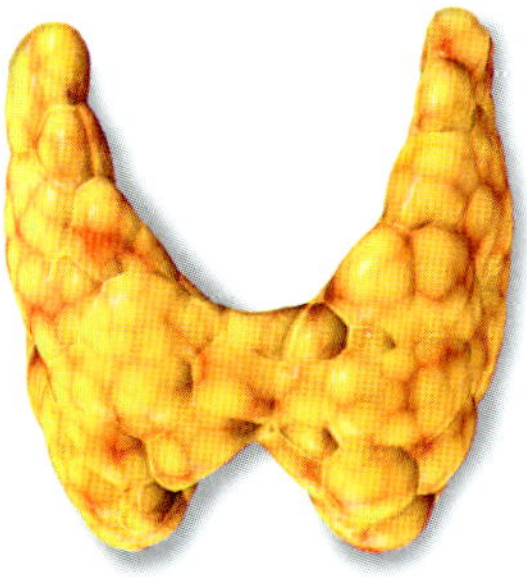

LA GLANDE THYROÏDE
La thyroïde, glande en forme de papillon située dans le cou, sécrète deux hormones principales : la thyroxine, qui agit sur le métabolisme de la plupart des cellules pour en stimuler la croissance et le développement, et la calcitonine, qui déclenche l'absorption par les os du calcium sanguin.

Système hormonal

FUIR OU FAIRE FRONT
L'adrénaline, hormone à action rapide permet au corps de réagir face au danger : elle provoque une accélération de la fréquence cardiaque et de la respiration, un afflux de sang dans les muscles et la libération de glucose… toutes choses nécessaires pour lutter comme pour fuir.

LES SURRÉNALES
Chaque rein est surmonté d'une glande surrénale, dont la partie externe sécrète des hormones qui ont pour principales fonctions de maintenir l'équilibre en eau et en sels minéraux du sang, d'accélérer le métabolisme de l'organisme et de gérer le stress. La partie interne de la glande sécrète, sous le contrôle du système nerveux, de l'adrénaline (voir ci-contre).

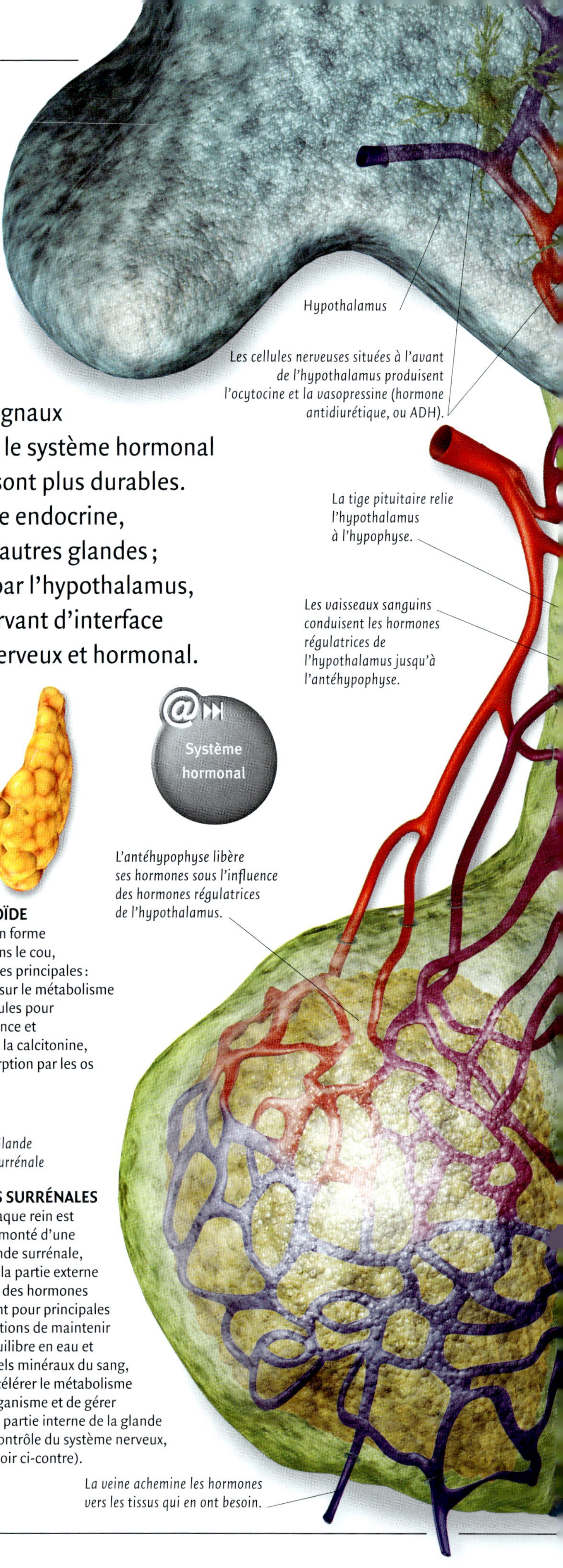

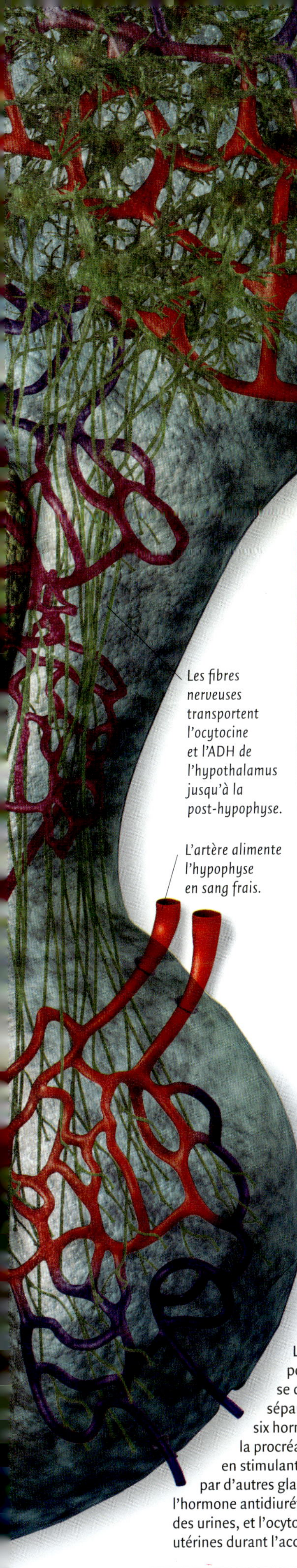

L'HYPOTHALAMUS

L'hypothalamus, situé au centre de la base du cerveau, commande toute une série d'activités physiologiques, pour certaines par l'intermédiaire de l'hypophyse. Les neurones (cellules nerveuses) situés à l'arrière de l'hypothalamus sécrètent des hormones régulatrices transmises par voie sanguine à l'antéhypophyse, où elles stimulent la libération d'hormones hypophysaires. Les neurones situés à l'avant de l'hypothalamus produisent deux hormones qui passent, via les axones (fibres nerveuses), dans la posthypophyse, où elles sont stockées en vue d'une libération ultérieure.

Les cellules nerveuses situées à l'arrière de l'hypothalamus libèrent des hormones régulatrices dans les vaisseaux sanguins qui alimentent l'antéhypophyse.

Les fibres nerveuses transportent l'ocytocine et l'ADH de l'hypothalamus jusqu'à la post-hypophyse.

L'artère alimente l'hypophyse en sang frais.

La posthypophyse stocke et libère l'ADH et l'ocytocine.

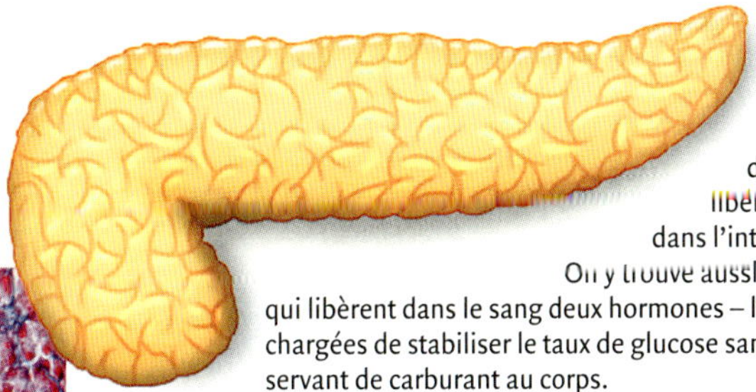

LE PANCRÉAS

Le pancréas se compose principalement de cellules glandulaires qui sécrètent des enzymes digestives, libérées via des canaux dans l'intestin grêle (p. 54-55). On y trouve aussi des tissus endocriniens qui libèrent dans le sang deux hormones – l'insuline et le glucagon – chargées de stabiliser le taux de glucose sanguin – sucre alimentaire servant de carburant au corps.

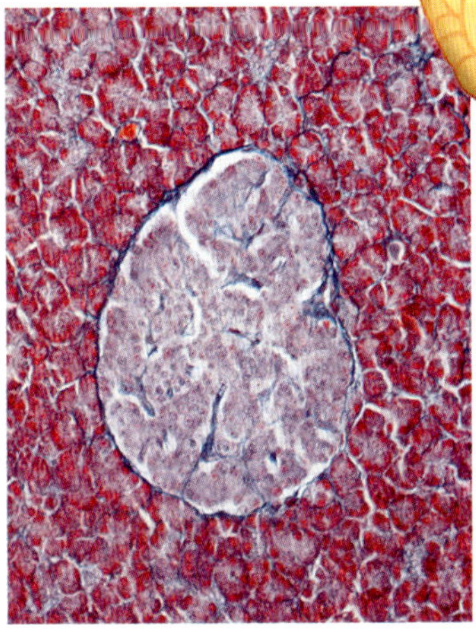

DES ÎLOTS DE CELLULES

Cette image microscopique du tissu formant l'intérieur du pancréas montre un amas cellulaire composé de plus d'un million de cellules. Ces amas furent baptisés îlots de Langerhans en l'honneur du médecin allemand Paul Langerhans (1847-1888), qui fut, en 1869, le premier à les observer au microscope. Dans les années 1890, on découvrit que ces îlots de cellules sécrétaient des substances actives (les hormones n'étaient pas encore identifiées).

Sir Frederick Banting (1891-1941)

Charles Best (1899-1978)

L'HISTOIRE DE L'INSULINE

Le déficit d'insuline est à l'origine d'une maladie grave appelée diabète, qui se caractérise par des hausses importantes du taux de glucose sanguin. En 1922, le Canadien Frederick Banting et l'Américain Charles Best parvinrent à extraire cette hormone, rendant possible son administration aux malades. En 1923, Banting reçut seul le prix Nobel, mais en partagea le montant avec Best.

L'HYPOPHYSE

L'hypophyse, glande de la taille d'un petit pois attachée à la base du cerveau, se compose de deux parties totalement séparées. L'antéhypophyse sécrète six hormones qui influent sur la croissance, la procréation et le métabolisme, généralement en stimulant la libération d'autres hormones par d'autres glandes. La posthypophyse stocke et sécrète l'hormone antidiurétique (ADH), qui réduit le volume des urines, et l'ocytocine, qui amplifie les contractions utérines durant l'accouchement.

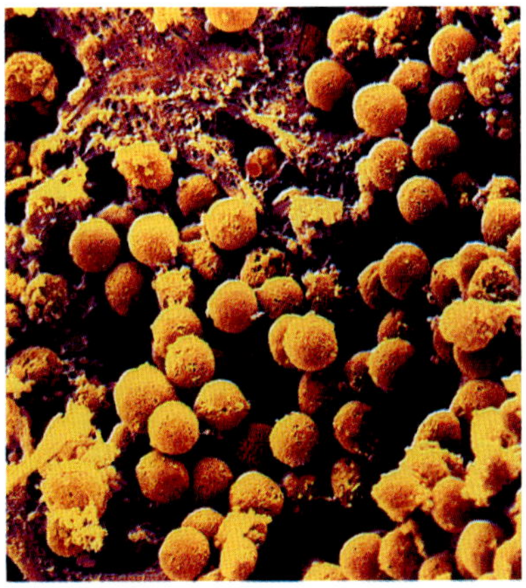

LE THYMUS

Le thymus, situé derrière le sternum, rapetisse avec le temps. Au début de la vie, il secrète les hormones qui assurent le développement normal des globules blancs appelés cellules T ou lymphocytes T (p. 45). En identifiant et détruisant les agents pathogènes, tels que les bactéries, ces cellules jouent un rôle essentiel dans la lutte contre les maladies. Cette image au microscope MEB montre un lymphocyte T (en jaune) en cours de formation dans le thymus.

URNES FUNÉRAIRES
Lorsqu'ils préparaient une momie, les Égyptiens retiraient soigneusement les viscères et les conservaient dans des vases canopes, tels ceux-ci. Seul le cœur, considéré comme le siège de l'âme, était laissé en place, pour permettre la vie dans l'au-delà.

LE CŒUR

Les Grecs voyaient dans le cœur le siège de l'amour et de l'intelligence. Les découvertes du XVIIe siècle ont montré que les pensées, les sentiments et les émotions proviennent du cerveau et que le cœur, bien qu'absolument vital, est une simple pompe. Ces découvertes ont aussi révélé qu'il comprend deux parties, droite et gauche, séparées par une cloison et possédant chacune deux cavités reliées entre elles : l'oreillette, à la paroi fine, et le ventricule, beaucoup plus grand et à la paroi épaisse. Le ventricule droit propulse le sang désoxygéné vers les poumons, où il se recharge en oxygène avant de passer dans l'oreillette gauche, puis au ventricule gauche qui l'éjecte dans l'aorte. Il est ensuite distribué à tout le corps (p. 44-45). Le myocarde, tissu musculaire infatigable, forme l'essentiel de la paroi cardiaque. Avant de s'arrêter définitivement, le cœur d'une personne de longévité moyenne bat environ 2,5 milliards de fois.

BRANCHEMENTS CORRECTS
L'anatomiste et botaniste italien Andrea Cesalpino (1519-1603) fit une description remarquablement exacte de la façon dont le cœur est raccordé aux principaux vaisseaux sanguins et aux poumons, mais affirma à tort que le sang se déverse hors des poumons par tous les vaisseaux, artères comme veines.

Cœur

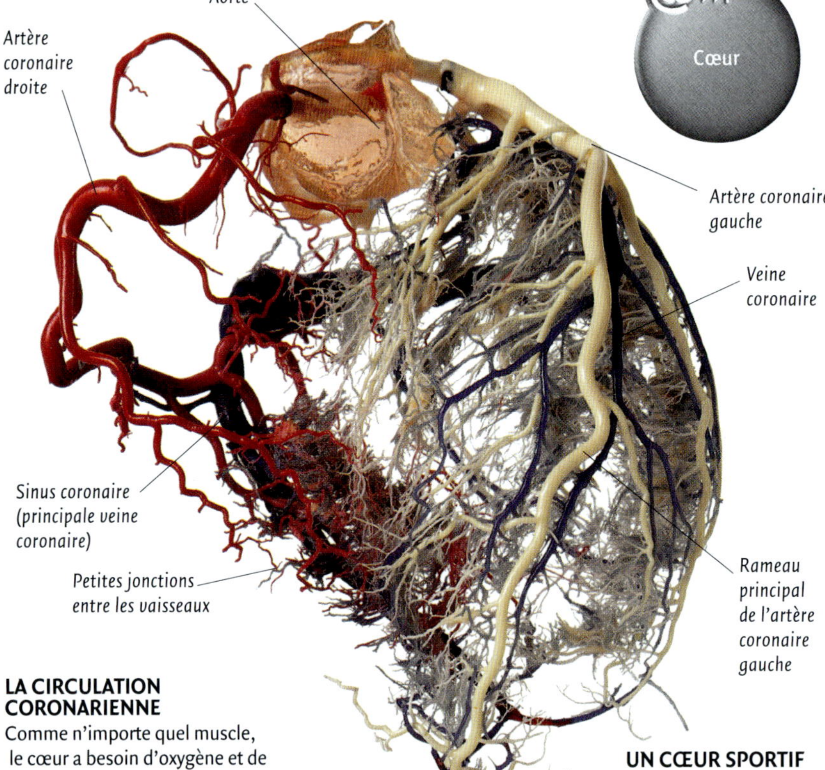

LA CIRCULATION CORONARIENNE
Comme n'importe quel muscle, le cœur a besoin d'oxygène et de nutriments pour se contracter. Plutôt que de puiser directement dans le sang passant par les oreillettes et les ventricules, il dispose de sa propre source : la circulation coronarienne. Les artères coronaires gauche et droite partent de l'aorte et se ramifient, nourrissant ainsi l'ensemble de la paroi du cœur en sang oxygéné. Le sang désoxygéné, collecté par les veines coronaires, conflue vers le sinus coronaire, grosse veine située à l'arrière du cœur, d'où il se déverse dans l'oreillette droite pour recommencer le cycle.

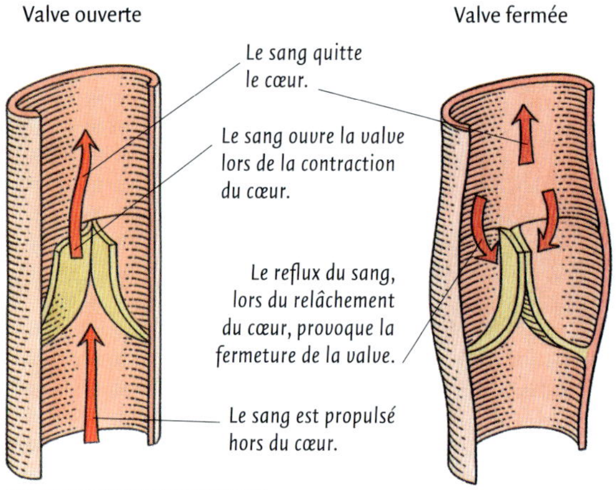

LE PRINCIPE DES VALVES
Grâce aux valves cardiaques, le sang circule toujours à sens unique. Les valves pulmonaire et aortique, situées aux sorties du cœur, sont pourvues de cuspides, replis de tissu formant chacun une poche. À chaque contraction du cœur, le sang afflue, plaquant les poches contre les parois ; à chaque relâchement, le sang tend à refluer, mais les poches, qui se remplissent avec le reflux sanguin, l'en empêchent. Les valves tricuspide et mitrale fonctionnent de même.

UN CŒUR SPORTIF
Chez l'adulte, la fréquence cardiaque moyenne au repos est de 60 à 80 battements par minute, soit un débit sanguin d'à peu près 6 litres/minute. Chaque battement occasionne dans l'ensemble du réseau artériel un coup de pression ou pouls, perceptible à l'intérieur du poignet. Durant l'effort, les muscles ont besoin de plus d'oxygène et de nutriments. Le rythme cardiaque s'accélère pour atteindre, chez les sujets très entraînés, jusqu'à 150 battements/minute, soit un débit de près de 35 litres/minute.

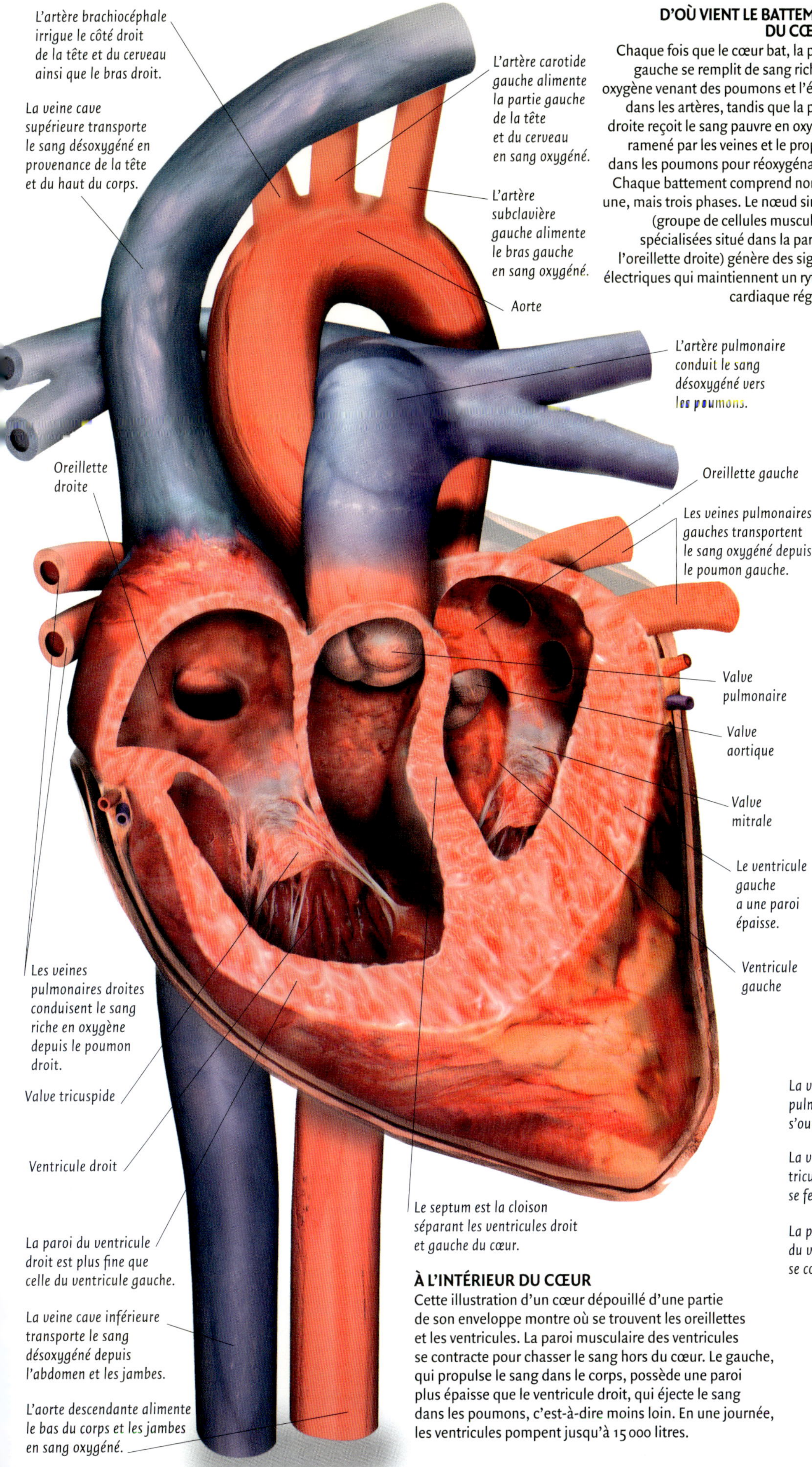

D'OÙ VIENT LE BATTEMENT DU CŒUR ?

Chaque fois que le cœur bat, la partie gauche se remplit de sang riche en oxygène venant des poumons et l'éjecte dans les artères, tandis que la partie droite reçoit le sang pauvre en oxygène ramené par les veines et le propulse dans les poumons pour réoxygénation. Chaque battement comprend non pas une, mais trois phases. Le nœud sinusal (groupe de cellules musculaires spécialisées situé dans la paroi de l'oreillette droite) génère des signaux électriques qui maintiennent un rythme cardiaque régulier.

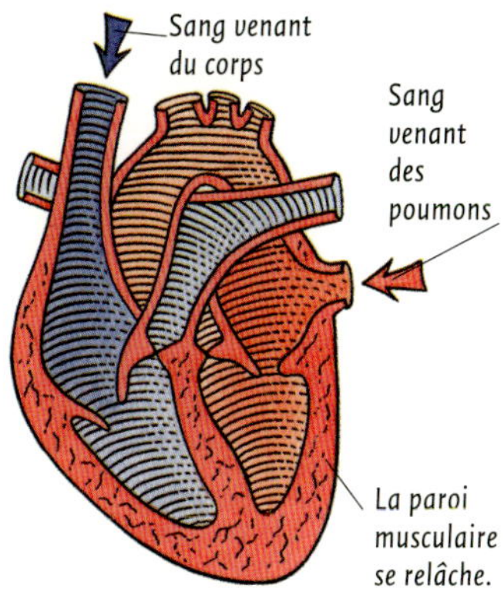

1 Un appel de sang
Le muscle cardiaque se relâche : selon le principe de l'appel d'air, le sang afflue dans l'oreillette droite depuis le corps (via les veines caves) et dans l'oreillette gauche depuis les poumons.

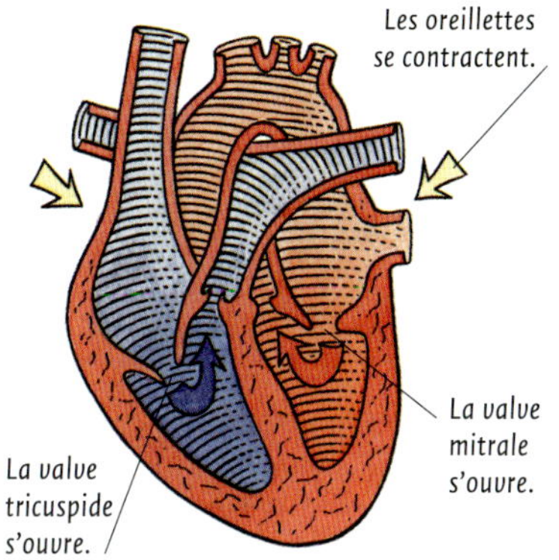

2 Les valves s'ouvrent...
Le nœud sinusal génère un signal électrique qui se propage dans la paroi des oreillettes : celles-ci se contractent simultanément. Le sang, sous pression, pénètre dans les ventricules en ouvrant les valves tricuspide et mitrale.

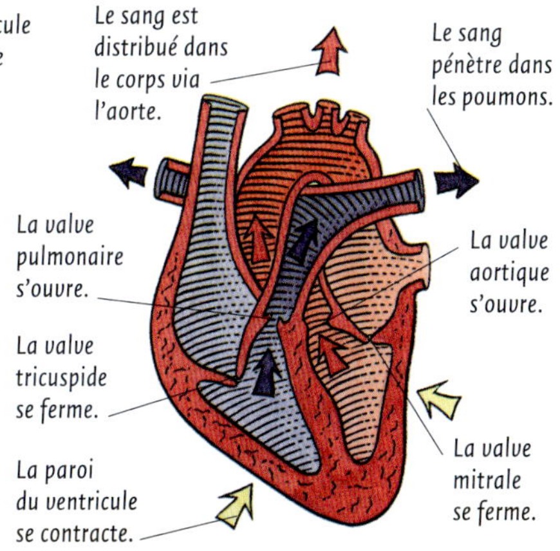

3 ... puis se ferment : le cœur bat
Le signal électrique passe dans la paroi des ventricules, qui se contractent à leur tour. Le sang, ouvrant les valves pulmonaire et aortique, pénètre dans les poumons et l'aorte, tandis que les valves tricuspide et mitrale se ferment pour empêcher le reflux. La fermeture des valves produit le son du battement.

À L'INTÉRIEUR DU CŒUR

Cette illustration d'un cœur dépouillé d'une partie de son enveloppe montre où se trouvent les oreillettes et les ventricules. La paroi musculaire des ventricules se contracte pour chasser le sang hors du cœur. Le gauche, qui propulse le sang dans le corps, possède une paroi plus épaisse que le ventricule droit, qui éjecte le sang dans les poumons, c'est-à-dire moins loin. En une journée, les ventricules pompent jusqu'à 15 000 litres.

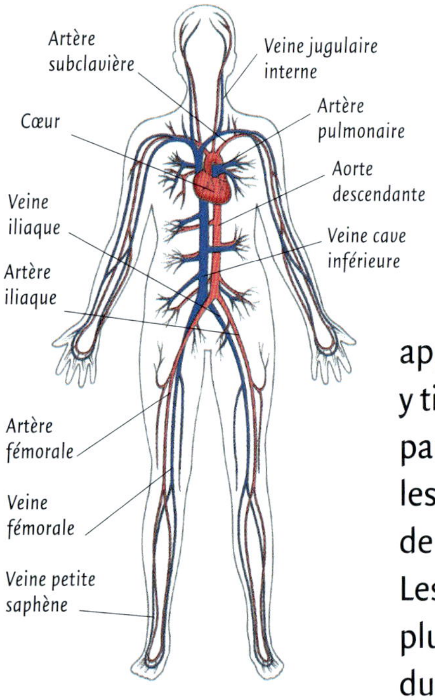

LE SYSTÈME CIRCULATOIRE
Ce schéma du système circulatoire montre les principaux vaisseaux sanguins. Les artères véhiculent le sang du cœur jusque dans les moindres parties du corps. Les veines ramènent le sang vers le cœur. Les capillaires, trop petits pour pouvoir figurer ici, font pénétrer le sang dans les tissus tout en reliant artères et veines.

LE SYSTÈME CIRCULATOIRE

Pour fonctionner, les 100 000 milliards de cellules que compte le corps ont besoin d'un apport constant en oxygène, nutriments et autres constituants essentiels, et les déchets qu'elles produisent doivent être éliminés.

C'est là le rôle du système circulatoire, appelé aussi cardiovasculaire, car le cœur y tient un grand rôle. Le sang, propulsé par le cœur, alimente et « nettoie » les cellules via un vaste réseau de vaisseaux – capillaires, veines et artères. Les capillaires, minuscules tuyaux à peine plus larges que les globules rouges du sang, constituent 98 % de ce réseau et desservent quasiment toutes les cellules. Le système lymphatique draine le liquide tissulaire excédentaire. Les systèmes circulatoire et lymphatique jouent un rôle clé dans la défense de l'organisme contre les maladies.

LES VAISSEAUX DE LA JAMBE
Ce modèle représentant les vaisseaux sanguins irriguant la jambe gauche illustre la séparation des gros vaisseaux et leur subdivision en vaisseaux plus petits. L'artère iliaque, qui apporte le sang oxygéné du cœur, donne naissance à deux branches : celles-ci se subdivisent en capillaires microscopiques qui alimentent les cellules en oxygène et en nutriments, se chargent de leurs déchets et forment avec d'autres capillaires des veinules raccordées au réseau veineux. La veine iliaque externe, le plus grand vaisseau, conduit le sang désoxygéné de la jambe en direction du cœur.

À SENS UNIQUE
On a cru jusqu'au XVIIe siècle que le sang allait et venait dans les vaisseaux. C'est le médecin anglais William Harvey (1578-1657), exposant ici sa théorie au roi Charles Ier, qui a montré que le sang, propulsé par le cœur, coule dans un seul sens. Sa théorie fut publiée en 1628 sous le titre *Essai d'anatomie sur le mouvement du cœur et du sang*.

FINS ET MUSCLÉS
Le botaniste, anatomiste et poète suisse Albrecht von Haller (1708-1777) étudia et décrivit le rôle des artères, notamment comment leur paroi musclée se dilate et se contracte pour réduire ou accroître l'afflux de sang dans telle ou telle région du corps.

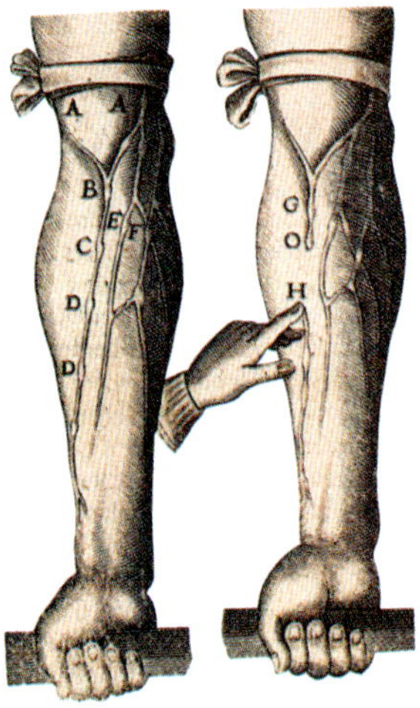

QUELLE VEINE !
William Harvey fonda sa théorie de la circulation sanguine sur une observation minutieuse, approche empirique qui marqua le début de la médecine scientifique. Ces dessins, tirés de son essai, montrent comment le sang veineux coule toujours en direction du cœur, des valvules, indiquée par des lettres, l'empêchant de refluer.

LES VAISSEAUX SANGUINS

Les artères ont une paroi épaisse faite de muscle et de tissu élastique qui leur permet de résister à la pression du sang jaillissant du cœur. Les veines, qui ramènent le sang à basse pression au sortir des capillaires, ont une paroi plus fine, moins riche en muscle. Celle des capillaires comprend une seule couche de cellules, ce qui permet à l'oxygène et aux nutriments contenus dans le sang de s'en échapper.

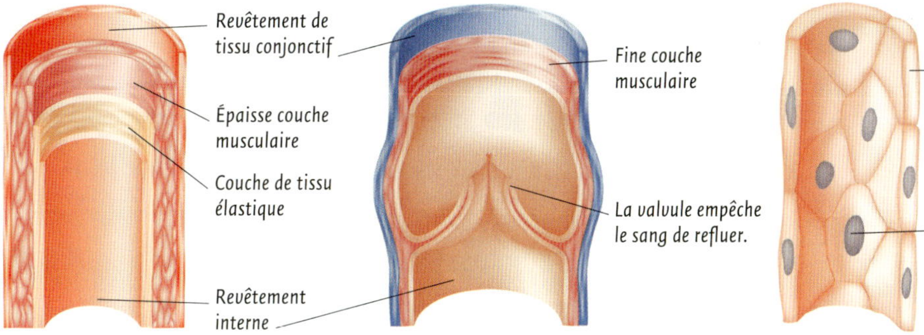

Système circulatoire

QU'EST-CE QUE LE SYSTÈME IMMUNITAIRE ?

Le corps est exposé en permanence à des microbes, tels que bactéries ou virus, qui, s'ils parviennent à pénétrer dans l'organisme, peuvent provoquer des maladies. Pour combattre les infections, le corps dispose de différents types de globules blancs circulant dans le sang et la lymphe, qui, ensemble, forment le système immunitaire. Certains sillonnent le corps à la recherche de tout agent pathogène et les détruisent. D'autre, présents notamment dans les ganglions lymphatiques, s'attaquent à des agents spécifiques, dont ils conservent le souvenir dans l'éventualité d'une nouvelle intrusion.

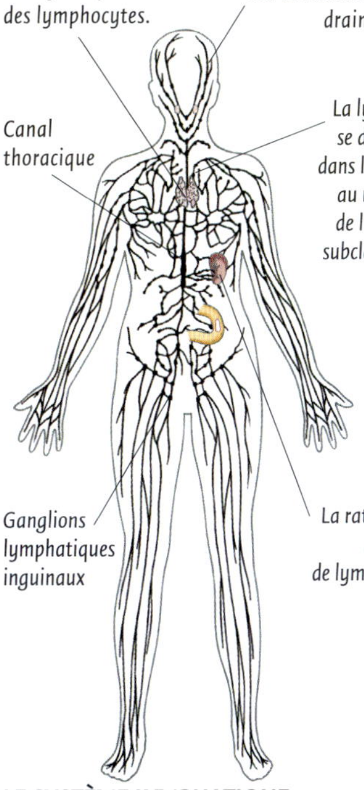

LE SYSTÈME LYMPHATIQUE

Ce réseau vasculaire draine l'excès de liquide, ou lymphe, présent dans les tissus et le sang. Contrairement au système circulatoire, le système lymphatique n'a pas de pompe, et la progression de la lymphe s'y fait par contraction des vaisseaux. En s'écoulant, la lymphe passe par des nœuds appelés ganglions, qui renferment quantité de macrophages et de lymphocytes, globules blancs chargés de détecter et de détruire les agents pathogènes.

UNE ARMÉE MICROSCOPIQUE

Les macrophages et les lymphocytes (globules blancs également appelés cellules T ou B) réagissent à la présence d'agents pathogènes dans l'organisme en les détectant et en les détruisant. Si le même agent se présente une deuxième fois, l'action du système immunitaire est plus rapide.

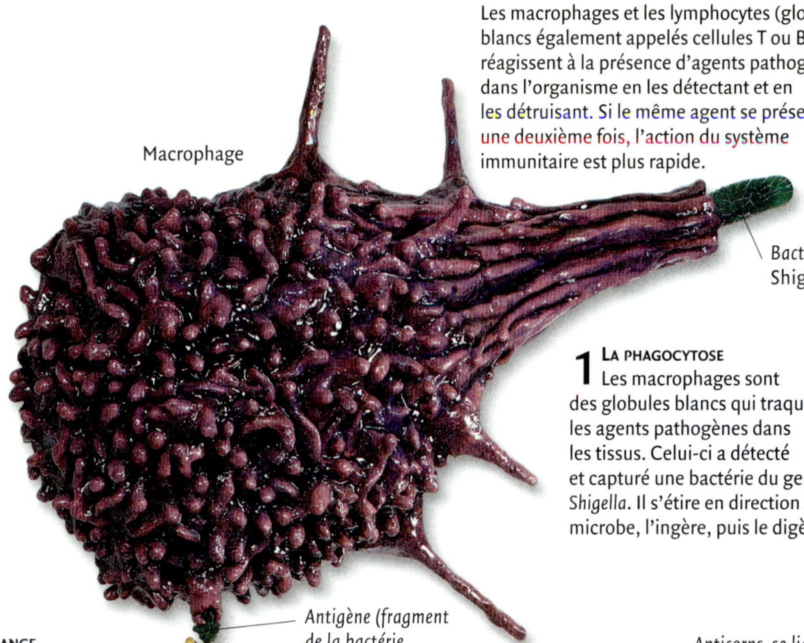

1 La phagocytose
Les macrophages sont des globules blancs qui traquent les agents pathogènes dans les tissus. Celui-ci a détecté et capturé une bactérie du genre *Shigella*. Il s'étire en direction du microbe, l'ingère, puis le digère.

2 La reconnaissance des antigènes
En surface, le macrophage présente des antigènes, vestiges de la bactérie. Ceux-ci sont reconnus par un lymphocyte (appelé cellule T auxiliaire), dès lors activé.

5 La neutralisation
En se liant aux antigènes présents à la surface des shigelles, les anticorps neutralisent ces dernières tout en permettant leur reconnaissance future par les macrophages et autres globules blancs.

4 La fabrication d'anticorps
Les plasmocytes libèrent des milliards d'anticorps dans le sang et la lymphe pour traquer les shigelles présentes dans l'organisme.

3 Une réaction en chaîne
Les substances libérées par la cellule T auxiliaire activent un lymphocyte B ciblant spécifiquement les shigelles. La cellule ainsi activée se multiplie rapidement pour produire des plasmocytes identiques.

LE SANG

Le corps d'un adulte contient en moyenne cinq litres de sang. Ce liquide rouge, propulsé par le cœur dans les vaisseaux pour irriguer tous les tissus de l'organisme, se compose de différents types de cellules baignant dans du plasma. Une seule goutte contient par exemple 250 millions de globules rouges. En cas de lésion d'un vaisseau, le sang met en place un mécanisme de réparation spécifique qui limite les pertes, potentiellement dangereuses. Il charrie en outre des bataillons entiers de cellules qui assurent la défense de l'organisme contre les maladies et les infections. Enfin, il a pour fonction de maintenir le corps à 37 °C, pour permettre le fonctionnement optimal des cellules.

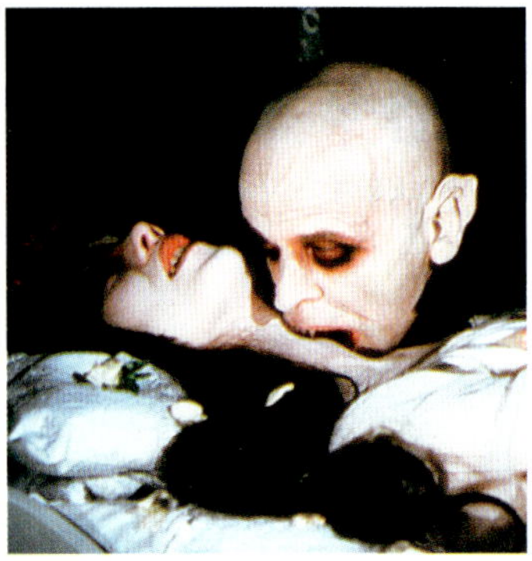

BOIRE LE SANG
Les sangsues et les chauves-souris se nourrissent du sang d'autres animaux. Cette scène tirée du film *Nosferatu* (1978) montre un vampire – créature mythique que l'on retrouve dans de nombreux contes et croyances – buvant le sang d'une victime afin d'acquérir l'immortalité.

DONNER SON SANG
Cette illustration du XVIIe siècle montre une transfusion sanguine où le donneur, en général une personne saine, est ici un chien ! Avant la découverte au XXe siècle des groupes sanguins (voir page ci-contre), la plupart des transfusions échouaient, et le receveur succombait.

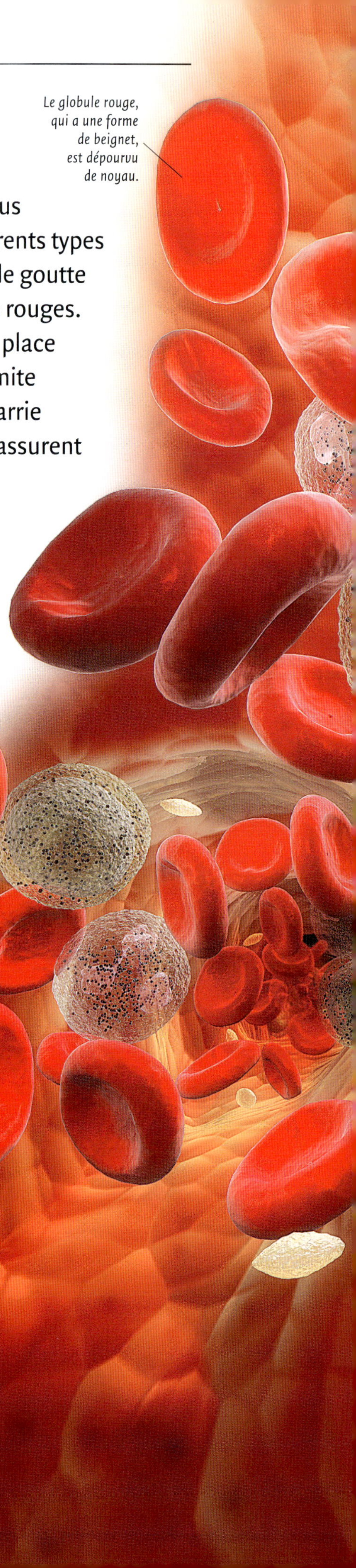

Le globule rouge, qui a une forme de beignet, est dépourvu de noyau.

ROUGES ET BLANCS
Toutes les cellules sanguines jouent un rôle vital. Les globules rouges, de loin les plus nombreux, transportent l'oxygène jusqu'aux tissus et se chargent en retour de dioxyde de carbone, qu'ils transportent jusqu'aux poumons. Les globules blancs, comprenant notamment les neutrophiles et les lymphocytes, sont impliqués dans la défense de l'organisme contre les agents pathogènes. Les neutrophiles, dépêchés sur le site de l'infection, traquent et ingèrent les micro-organismes potentiellement dangereux, comme certaines bactéries. Les lymphocytes, autres éléments clés du système immunitaire (p. 45), ciblent et détruisent des agents spécifiques. Les plaquettes, quant à elles, favorisent la cicatrisation des plaies.

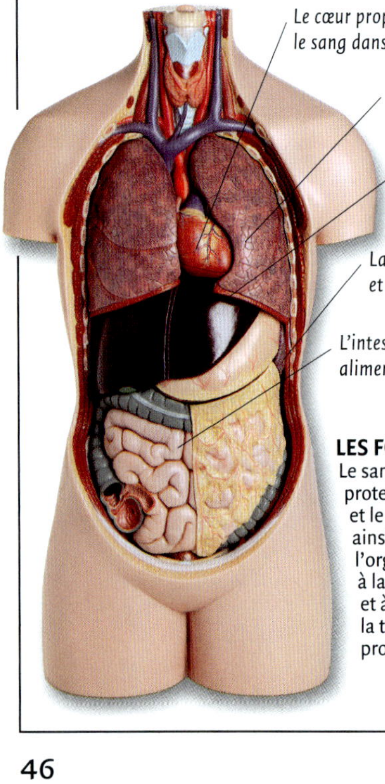

Le cœur propulse le sang dans le corps.

Les poumons absorbent le dioxyde de carbone du sang et l'alimentent en oxygène.

Le foie régule la concentration de nombreuses substances contenues dans le sang.

La rate élimine les globules rouges usés et participe au recyclage du fer.

L'intestin absorbe les nutriments alimentaires qui alimentent le sang.

LES FONCTIONS DU SANG
Le sang a trois fonctions principales – transport, protection et régulation. Il véhicule l'oxygène et le dioxyde de carbone (globules rouges) ainsi que des substances nutritives. Il protège l'organisme en charriant les éléments nécessaires à la défense de l'organisme (globules blancs) et à la coagulation (plaquettes). Enfin, il régule la température du corps en distribuant la chaleur produite par le foie, les muscles et les autres organes.

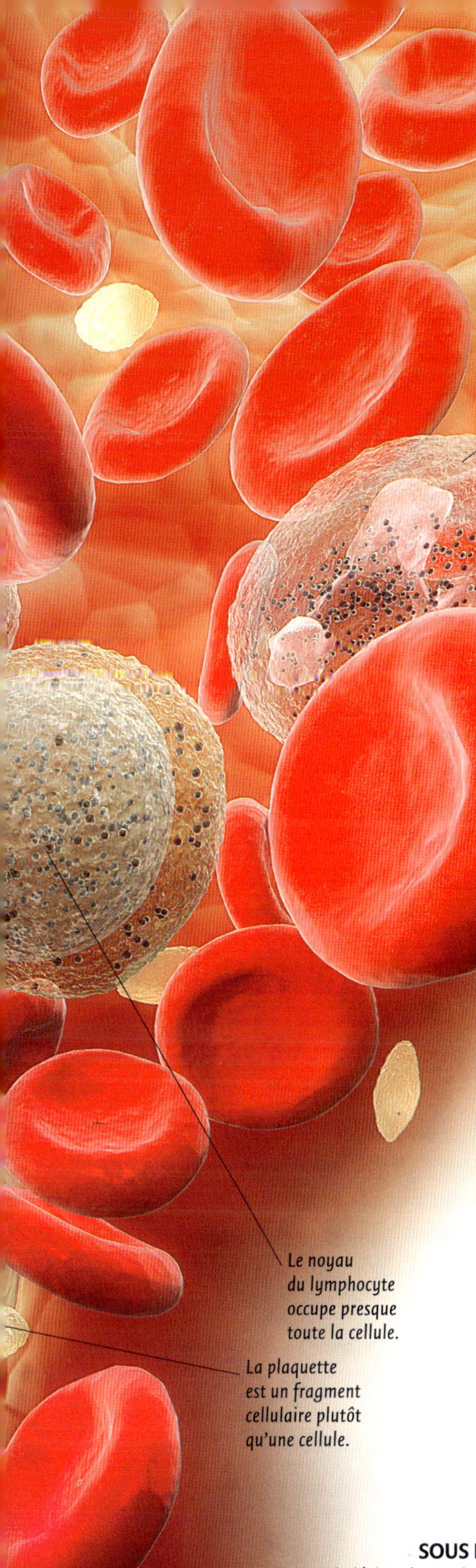

LA COMPOSITION DU SANG

Bien qu'en apparence uniformément rouge, le sang, lorsqu'il ne circule pas, se scinde en trois parties, comme on le voit ici. Les globules rouges et blancs baignent dans le plasma, liquide jaune essentiellement composé d'eau, mais contenant plus de 100 substances, telles qu'oxygène, nutriments divers, protéines sanguines, hormones et déchets.

ROUGE SANG

Le sang, qui doit sa couleur aux globules rouges, prend différentes nuances à mesure qu'il parcourt l'organisme. Au sortir des poumons, lorsque les globules rouges sont gorgés d'oxygène, il présente une teinte rouge vif, mais il fonce à mesure que l'oxygène est absorbé par les tissus.

LES GROUPES SANGUINS

Karl Landsteiner (1868-1943), savant américain d'origine autrichienne, a découvert l'existence des groupes sanguins – qu'il appela A, B, AB et O. Si l'on transfuse le sang d'un donneur à un receveur qui est d'un groupe différent le corps le rejette. Pour éviter cela, les médecins vérifient systématiquement les groupes.

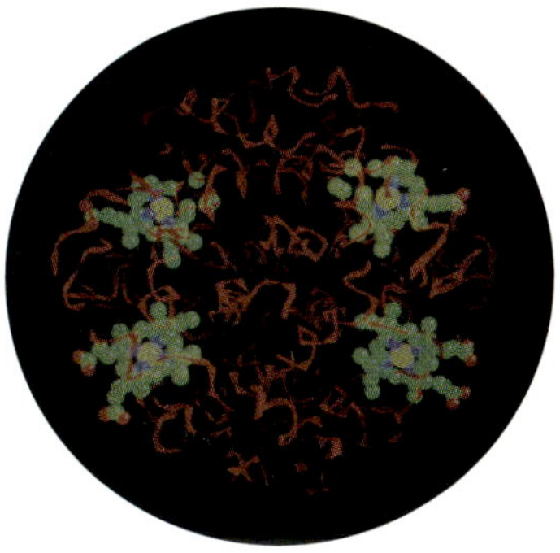

TRANSPORTEUR D'OXYGÈNE

L'hémoglobine, protéine qui donne leur couleur aux globules rouges, fixe l'oxygène. Cette image générée par ordinateur montre la structure de ses molécules. Chacune contient quatre atomes de fer (en jaune), qui captent l'oxygène dans les poumons, où ce gaz abonde, et le libère dans le corps. Un seul globule rouge peut transporter 1 milliard de molécules d'oxygène.

SOUS LA CROÛTE

En cas de lésion d'un vaisseau, le sang colmate automatiquement la brèche et combat l'infection, comme le montre ce schéma d'une plaie cutanée. Les plaquettes s'agglomèrent sur le site de la blessure, formant un bouchon temporaire. Elles libèrent des substances qui convertissent le fibrinogène, protéine sanguine, en filaments de fibrine. Ceux-ci produisent un caillot gélatineux, qui retient les cellules sanguines. Les globules blancs, dépêchés sur place, traquent et détruisent les microbes. Finalement, le caillot sèche, formant une croûte qui protège les tissus pendant qu'ils se réparent.

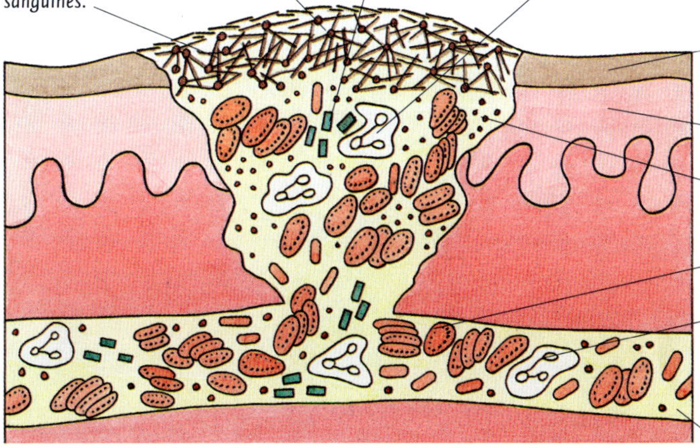

LA RESPIRATION

Le corps peut rester quelque temps sans nourriture ni eau, mais il meurt s'il est privé d'air. La respiration permet aux poumons de se remplir d'air frais, chargé d'oxygène, et d'éliminer le dioxyde de carbone produit par le fonctionnement des cellules. L'oxygène est nécessaire à l'activité des cellules et n'est donc pas stocké par l'organisme, aussi la respiration est-elle un processus continu. John Mayow, au XVIIe siècle, mit en évidence le rôle des muscles intercostaux et du diaphragme, par analogie avec un soufflet.

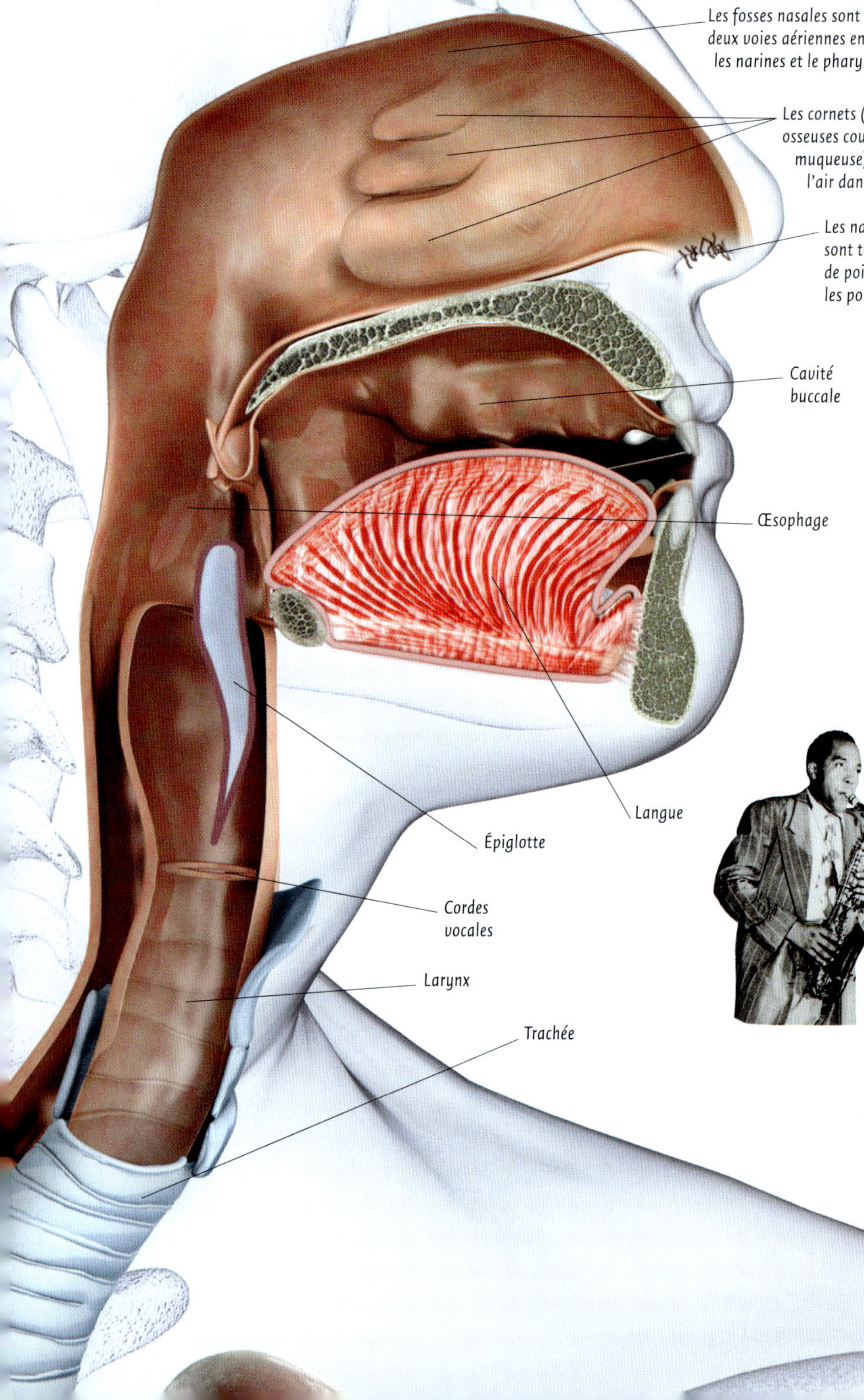

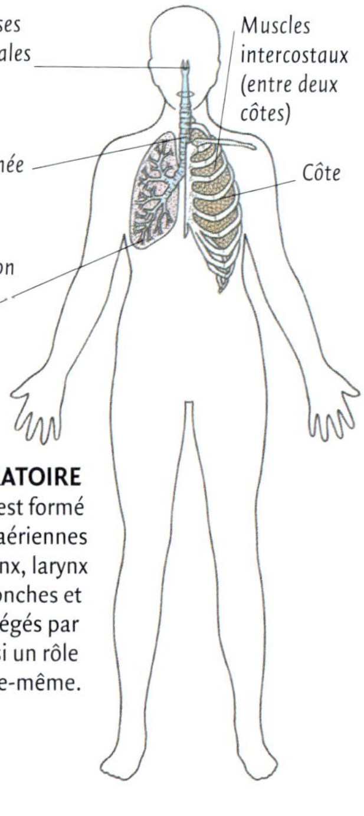

L'APPAREIL RESPIRATOIRE

L'appareil respiratoire est formé des voies respiratoires aériennes (fosses nasales, pharynx, larynx et trachée), des bronches et des poumons, protégés par les côtes qui jouent aussi un rôle dans la respiration elle-même.

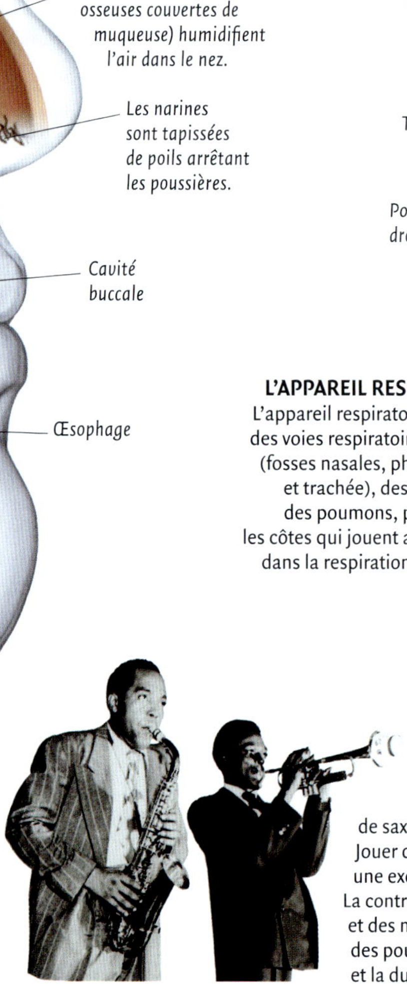

UN SOUFFLE MUSICAL

On doit aux grands jazzmen Charlie Parker (à gauche) et Miles Davis, qui jouèrent ensemble à la fin des années 1940, des duos de saxophone et trompette inoubliables. Jouer de ce genre d'instrument nécessite une excellente maîtrise de la respiration. La contraction coordonnée du diaphragme et des muscles intercostaux propulse l'air hors des poumons. Les effets varient selon la force et la durée des expirations.

LES VOIES AÉRIENNES SUPÉRIEURES

Les poumons se composent de tissus fragiles, très sensibles aux particules de poussière. À peine inhalées, celles-ci sont éliminées par les voies respiratoires. Les poils tapissant l'intérieur des narines arrêtent les plus grosses. Le mucus visqueux produit par la muqueuse nasale piège les plus fines et les microbes. L'air froid et sec pouvant également abîmer les tissus pulmonaires, les fosses nasales réchauffent, humidifient et nettoient l'air entrant, qui, ainsi assaini, peut pénétrer dans le larynx, puis dans les poumons.

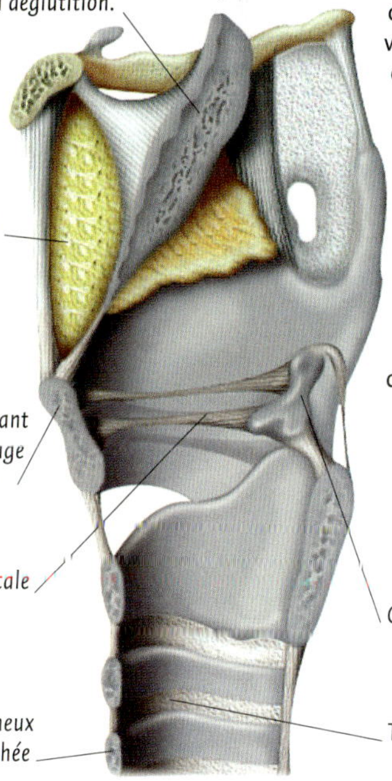

LE LARYNX

Quand il y a respiration, l'air passe du pharynx dans la trachée via le larynx, structure composée d'anneaux cartilagineux, dont l'un, situé sur l'avant et appelé cartilage thyroïde, forme la pomme d'Adam. Durant la déglutition, l'épiglotte, languette de cartilage, couvre l'entrée du larynx afin que les aliments ou la salive ne pénètrent pas dans la trachée. Les cordes vocales sont deux replis cutanés situés de part et d'autre de la pomme d'Adam.

Respiration

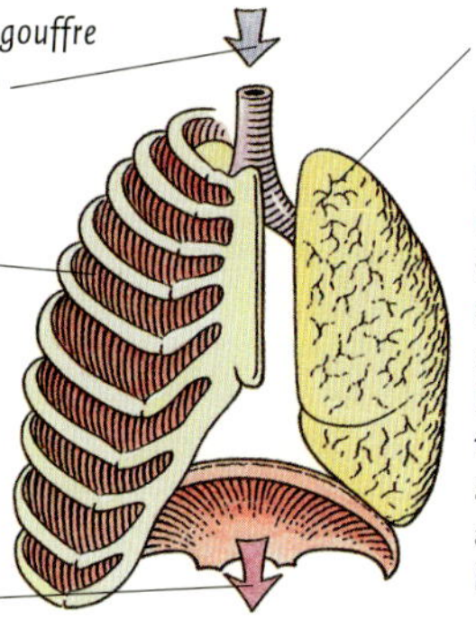

L'INSPIRATION

Les poumons sont incapables de fonctionner tout seuls. Quand on inspire, le diaphragme et les muscles intercostaux se contractent, provoquant l'agrandissement de la cage thoracique. Les poumons, attachés aux parois, s'étirent automatiquement et aspirent l'air extérieur.

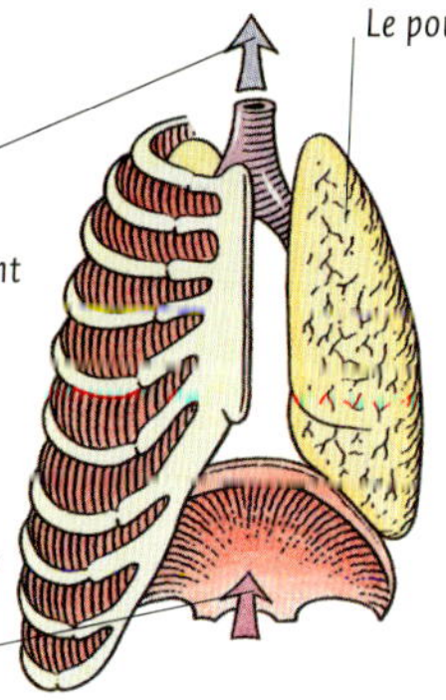

L'EXPIRATION

Quand on expire, les muscles intercostaux et le diaphragme se relâchent. La cage thoracique se rétrécit et le diaphragme remonte sous la pression des organes abdominaux. Les poumons sont compressés et l'air ressort par les voies aériennes.

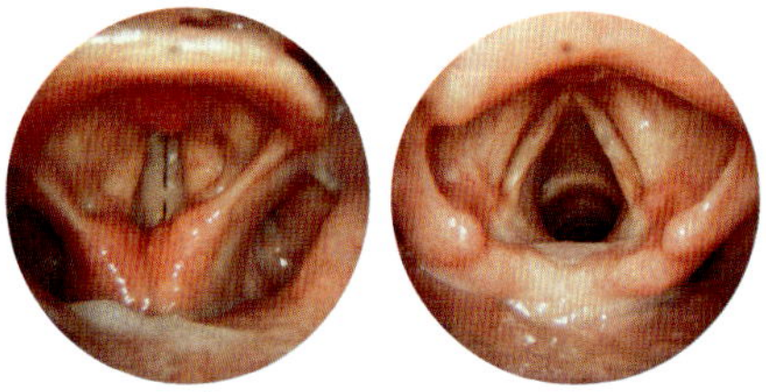

Fermées Ouvertes

DES MUSCLES VOCAUX

La laryngoscopie permet d'étudier les mouvements des cordes vocales. Au repos, elles sont grandes ouvertes et laissent l'air entrer et sortir librement. À l'expiration, elles se ferment et vibrent bruyamment. La langue et les lèvres transforment ces émissions sonores en sons articulés.

DE L'AIR « BRÛLÉ »

Le médecin anglais John Mayow (1640-1679) constata qu'en mettant une bougie allumée et un petit animal dans un récipient fermé, la bougie s'éteignait et l'animal mourrait, asphyxié. Il en conclut qu'un seul et même élément présent dans l'air, et venant ici à manquer, était utilisé aussi bien dans le processus de combustion que dans celui de la respiration. Cet élément sera appelé un siècle plus tard « oxygène ».

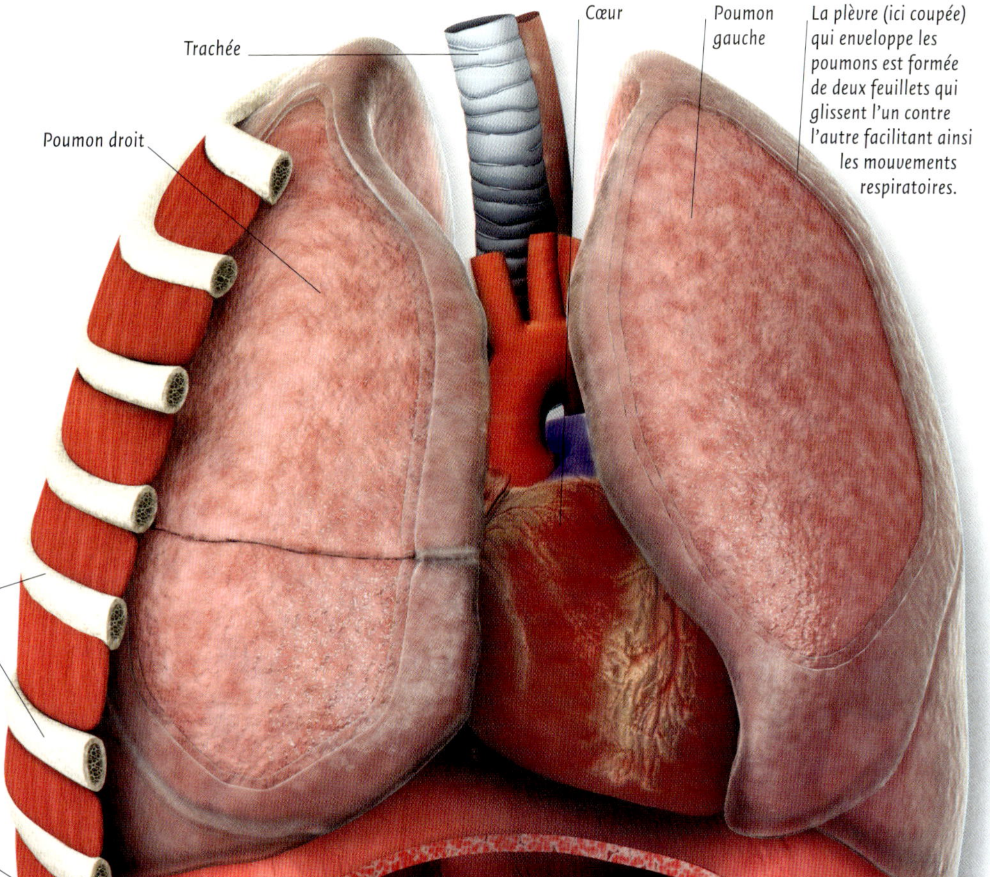

À L'INTÉRIEUR DU THORAX

La cage thoracique est occupée par le cœur et la partie inférieure de l'appareil respiratoire. Sur ce dessin, on voit le cœur, les poumons et le diaphragme, principal muscle respiratoire. Le nombre d'inspirations/expirations par minute, qui est d'environ 15 au repos, peut, durant l'effort, grimper jusqu'à 50 en raison du besoin accru d'oxygène.

À L'INTÉRIEUR DES POUMONS

Les poumons sont formés de millions de sacs d'air microscopiques, appelés alvéoles pulmonaires, qui lui donnent une consistance spongieuse. L'air parvient aux alvéoles, où se produisent les échanges gazeux, via un réseau de tuyaux ramifiés partant du bas de la trachée. L'oxygène prélevé est transmis au sang, qui le distribue à son tour aux cellules du corps, permettant à celles-ci de transformer en énergie le glucose fournit par l'alimentation (phénomène de la respiration cellulaire) ; en échange, les cellules se débarrassent du dioxyde de carbone en le transmettant au sang, qui le conduit aux poumons, où il sera expulsé lors de l'expiration.

LA RESPIRATION DU CORPS
Tout comme Lavoisier (voir ci-dessous), le savant italien Lazarro Spallanzani (1729-1799), professeur d'histoire naturelle à Padoue, considérait la respiration comme un processus analogue à celui de la combustion. Ayant découvert que le sang alimente les tissus en oxygène et évacue le dioxyde de carbone, il avança l'hypothèse selon laquelle la respiration a lieu non pas uniquement dans les poumons, mais dans toutes les cellules de l'organisme.

@ Poumon

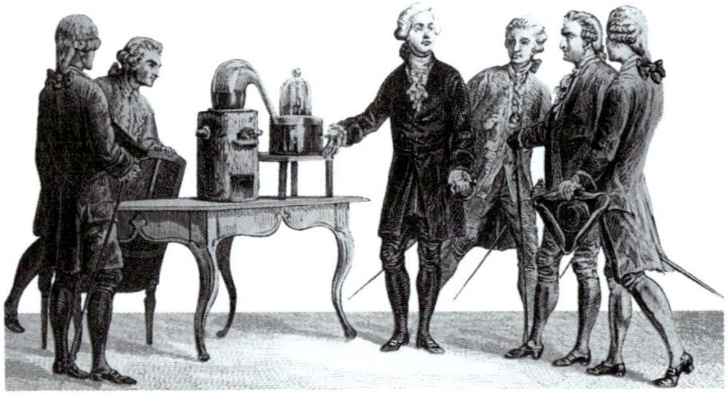

BAPTISÉ « OXYGÈNE »
Dans les années 1770, le chimiste français Antoine Laurent de Lavoisier (1743-1794) montra qu'une bougie se consume grâce à un gaz présent dans l'air, qu'il appela « oxygène », baptisant « air fixe » (aujourd'hui dioxyde de carbone) le gaz résultant de la combustion. En 1783, il émit l'hypothèse selon laquelle les animaux se maintiennent en vie en brûlant des nutriments dans les poumons – phénomène qu'il nomma « respiration ».

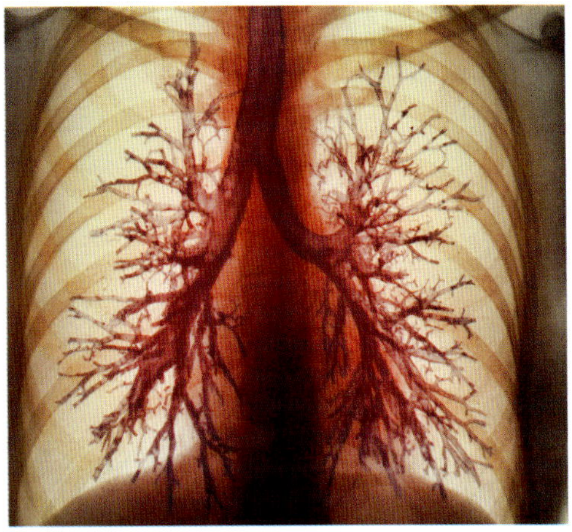

L'ARBRE BRONCHIQUE
Cette radiographie colorée montre l'arbre bronchique, système de ramifications conduisant l'air à travers les poumons. La trachée (le tronc de l'arbre) se sépare en deux bronches, une pour chaque poumon, qui elles-mêmes se subdivisent en bronches de plus en plus petites, puis en bronchioles, plus fines qu'un cheveu.

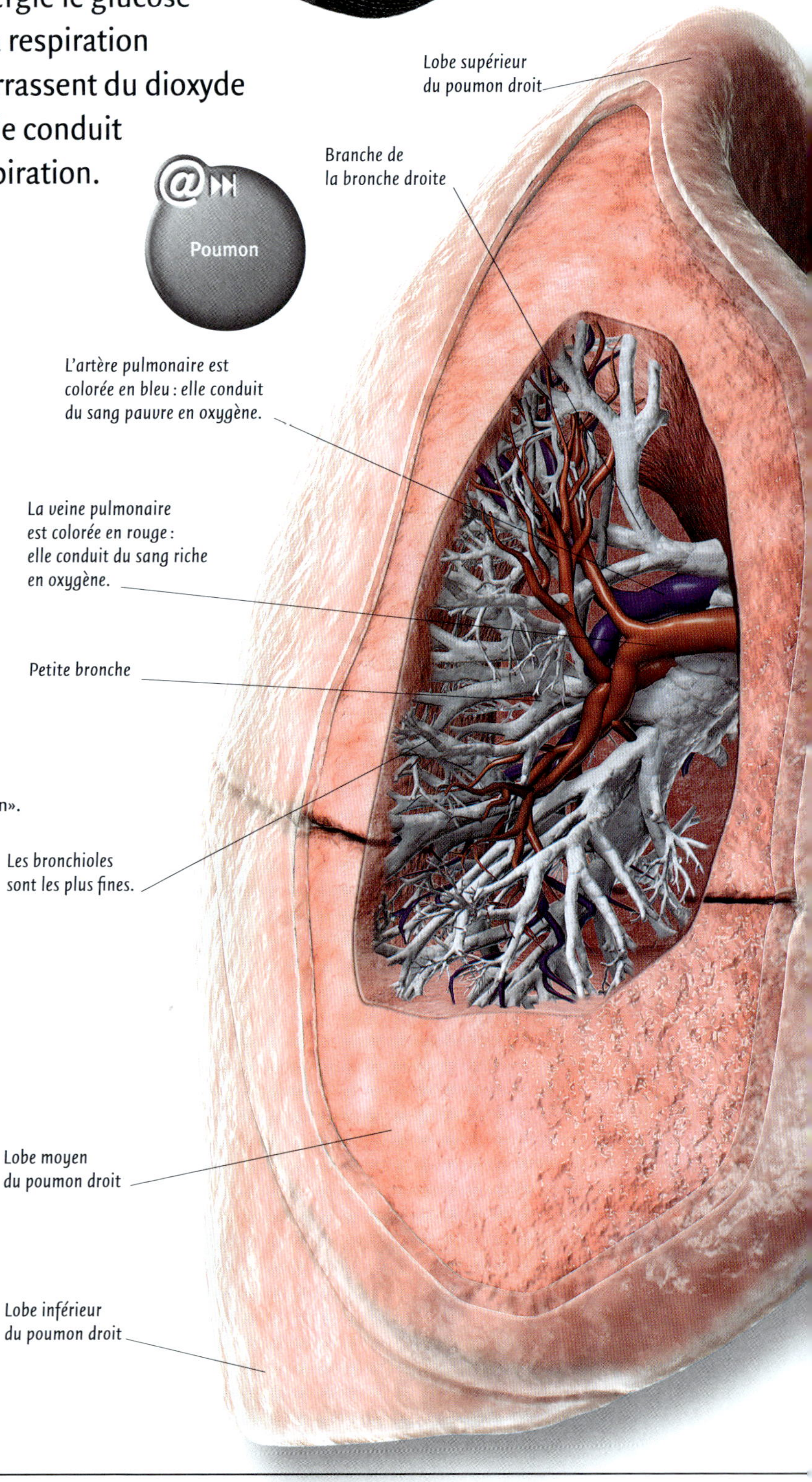

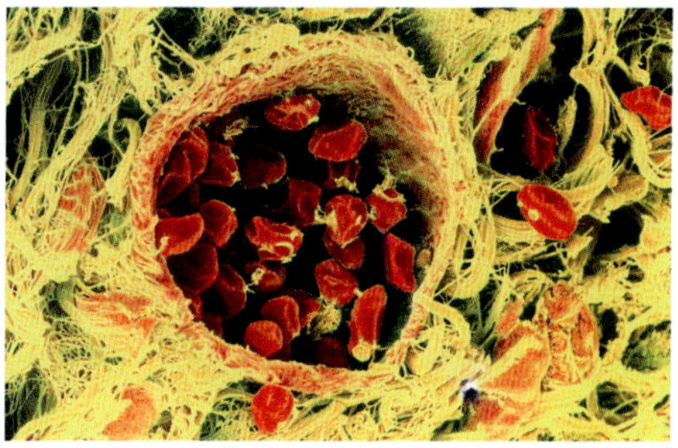

MICROBULLES
Cette image au microscope MEB montre des globules rouges à l'intérieur d'un capillaire dans le tissu pulmonaire. Le vaisseau est entouré d'alvéoles formant comme des petites bulles de moins de 0,1 mm de diamètre.

ÇA GAZE FORT !
Chacune des bronchioles est reliée à un amas d'alvéoles disposés en grappe. Les poumons comptent plus de 300 millions d'alvéoles, offrant aux échanges gazeux une surface comparable à celle d'un terrain de tennis. Chacune d'elle est entourée d'un réseau de capillaires sanguins, avec lesquels les échanges gazeux se font.

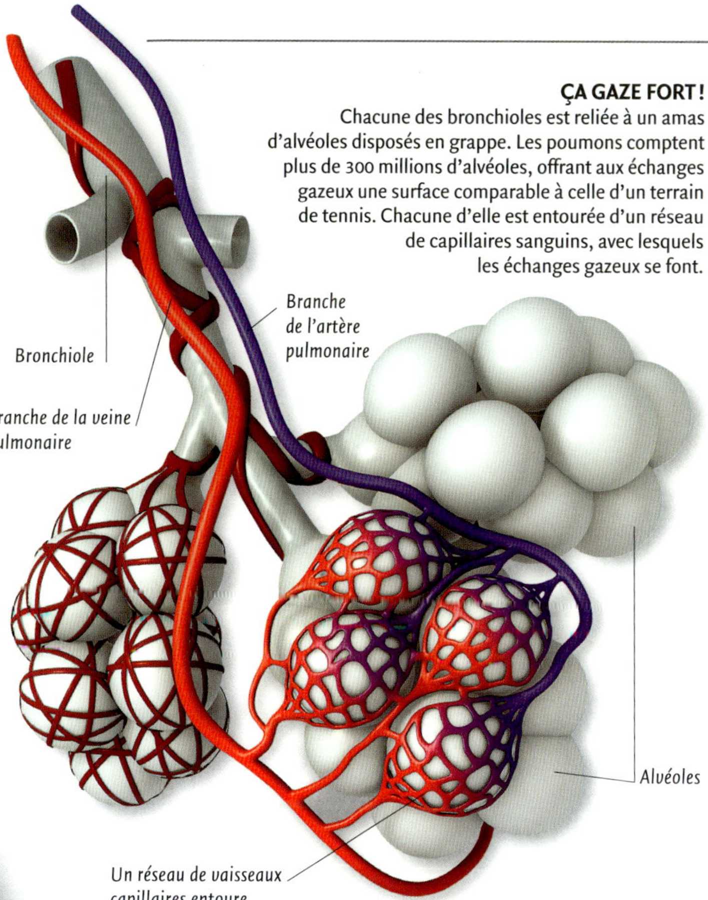

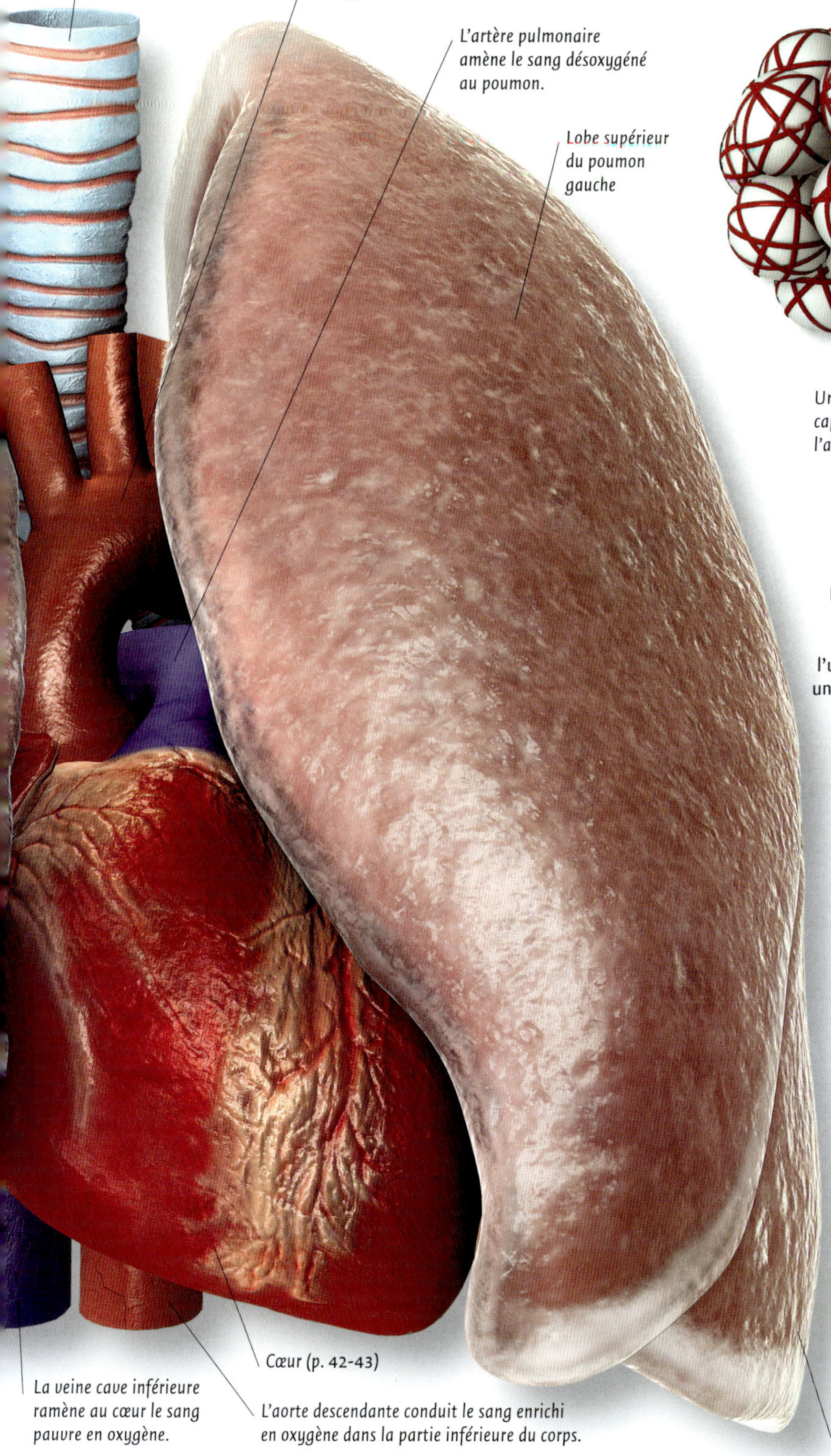

RÉOXYGÉNATION
Les parois d'une alvéole et d'un vaisseau capillaire sont extrêmement fines. Accolées l'une à l'autre, elles forment une double paroi d'à peine 0,001 mm d'épaisseur, ce qui facilite les échanges gazeux : l'oxygène de l'alvéole passe rapidement dans le sang du capillaire, tandis que le dioxyde de carbone traverse la double paroi en sens inverse. De rouge sombre, le sang devient rouge vif.

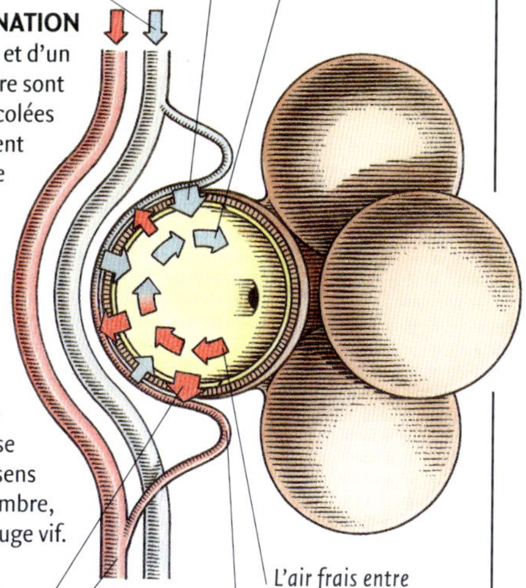

POUMONS ET CŒUR : UNE RELATION ÉTROITE
Le poumon droit, ici en coupe, compte trois lobes. Le poumon gauche, lui, n'en a que deux, car il laisse de la place pour le cœur. Cette proximité entre cœur et poumons permet au sang de se recharger très vite en oxygène. Le sang désoxygéné de la partie droite du cœur pénètre via les artères pulmonaires dans les poumons, où il se recharge en oxygène et se débarrasse de son dioxyde de carbone. Réoxygéné, le sang pénètre via les veines pulmonaires dans la partie gauche du cœur, d'où il est propulsé dans le corps.

SE NOURRIR

Manger est indispensable à la vie. Les aliments apportent au corps les nutriments (glucides, protéines, lipides, etc.) qui lui fournissent l'énergie dont il a besoin, ainsi que les éléments qui lui permettent de grandir et de se régénérer. Les aliments sont dégradés mécaniquement et chimiquement par l'appareil digestif. Le processus mécanique de mastication les fragmente en petits morceaux, tandis que la salive, qui contient des enzymes capables de dégrader les substances complexes en substances simples – assimilables par l'organisme – initie la dégradation chimique. Une fois avalés, les aliments poursuivent leur voyage en direction de l'estomac.

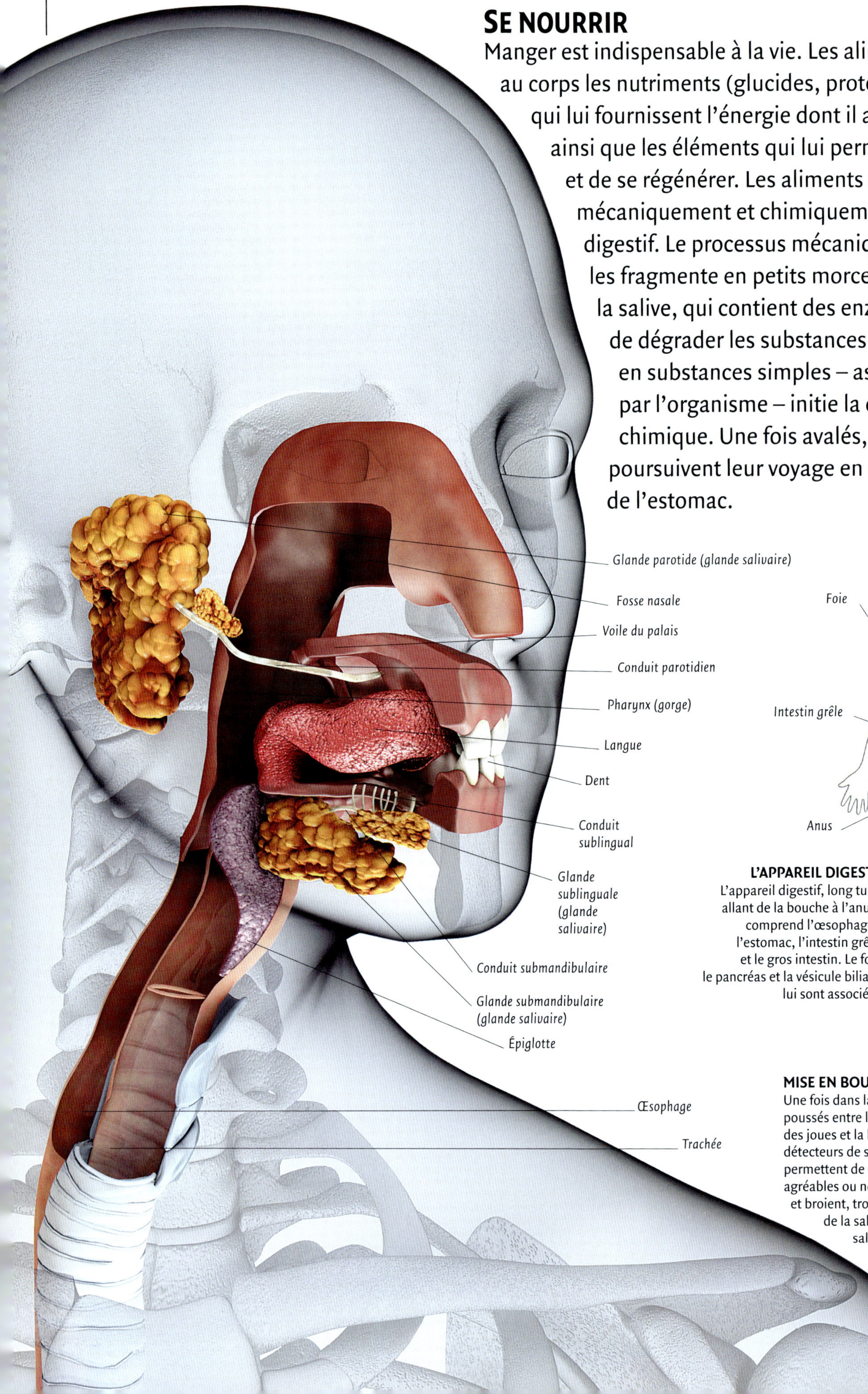

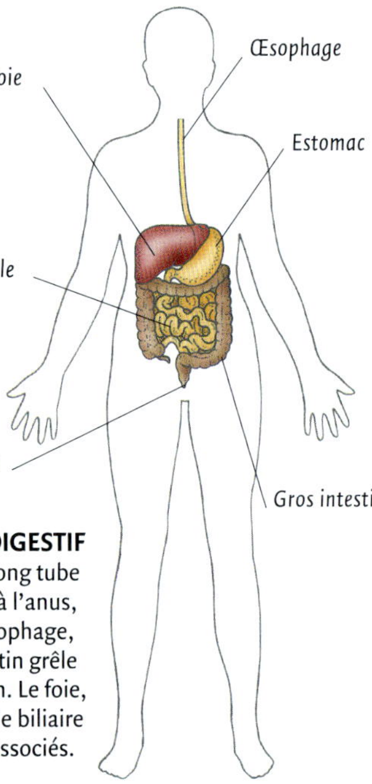

L'APPAREIL DIGESTIF
L'appareil digestif, long tube allant de la bouche à l'anus, comprend l'œsophage, l'estomac, l'intestin grêle et le gros intestin. Le foie, le pancréas et la vésicule biliaire lui sont associés.

MISE EN BOUCHE
Une fois dans la bouche, les aliments sont poussés entre les dents par les lèvres, les muscles des joues et la langue. Les bourgeons du goût, détecteurs de saveurs situés sur la langue, permettent de savoir immédiatement s'ils sont agréables ou non. Tandis que les dents coupent et broient, trois paires de glandes projettent de la salive via des conduits. Le mucus salivaire, qui lie et lubrifie les particules alimentaires, contient un enzyme (une substance chimique) qui initie la dégradation de l'amidon.

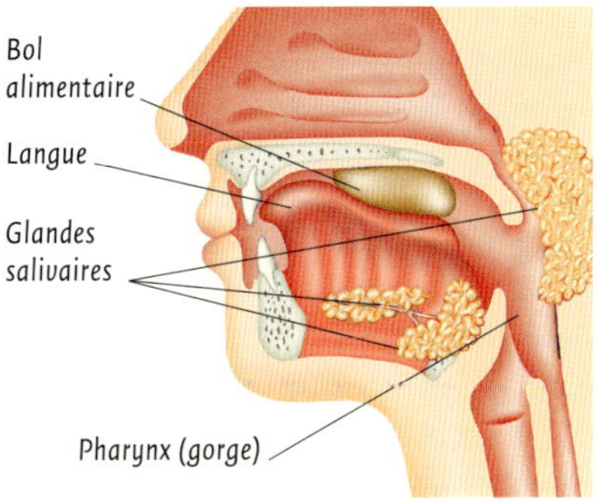

LA MASTICATION

Lorsqu'on mâche, nos dents coupent et broient les aliments pour les réduire en petits morceaux. En mélangeant la nourriture avec le mucus salivaire gluant, la langue forme un bol compact et glissant qu'elle presse ensuite contre la voûte du palais et pousse en direction de la gorge.

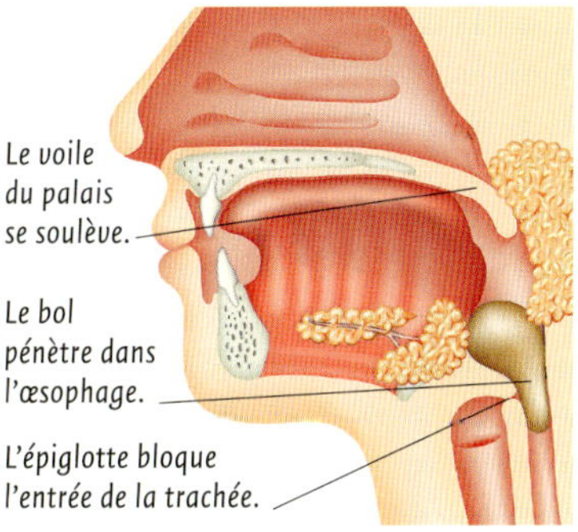

LA DÉGLUTITION

En poussant le bol alimentaire dans la gorge, la langue provoque, selon un processus réflexe, la contraction des muscles de la paroi du pharynx, ce qui précipite le bol dans l'œsophage. Le voile du palais se soulève pour empêcher les aliments de pénétrer dans les fosses nasales.

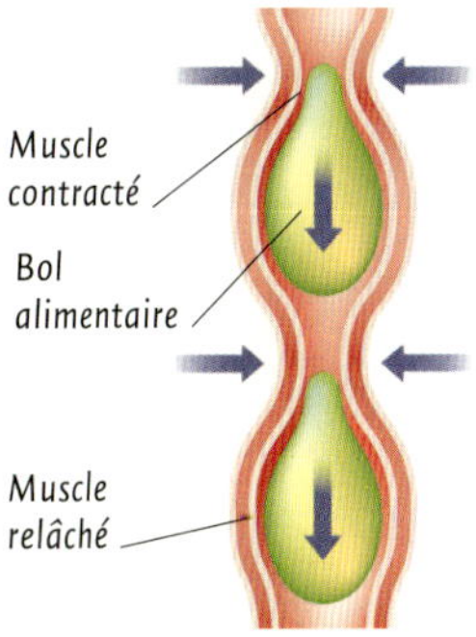

UNE FORTE POUSSÉE

Des ondes de contractions musculaires compriment le bol et le font progresser en direction de l'estomac. Le même phénomène s'observe dans l'intestin.

RESSORT D'ÉNERGIE

L'athlète britannique Christina Ohuruogo a remporté une médaille d'or aux jeux Olympiques de 2008. Comme toute activité sportive, la course à pied demande beaucoup d'énergie. Durant la digestion, l'amidon est transformé en sucres et les lipides en acides gras. En se dégradant à l'intérieur des muscles, ces éléments libèrent l'énergie nécessaire à l'effort.

MANGER ÉQUILIBRÉ

On dénombre six principaux types de nutriments : les glucides (amidon et sucres) et les lipides (graisses) qui fournissent l'énergie ; les protéines qui permettent la construction et le renouvellement des tissus ; les vitamines et les minéraux qui sont nécessaires au bon fonctionnement des cellules et les fibres qui favorisent le transit intestinal. Une alimentation équilibrée comporte tous ces éléments dans de justes proportions. Le repas ci-contre comprend du riz, riche en amidon, du poisson et de la viande, riches en protéines et en lipides, et des légumes, source de vitamines et minéraux.

À QUOI SERVENT LES DENTS ?

La denture a pour fonction de briser les aliments afin de les rendre plus faciles à avaler et à digérer. Les dents de lait sont remplacées au cours de la croissance par des dents définitives, plus grosses. La denture adulte compte quatre types de dents : les incisives biseautées, sur le devant, coupent et incisent ; les canines agrippent et déchirent ; au fond, les prémolaires et les molaires écrasent et broient.

@ Dent

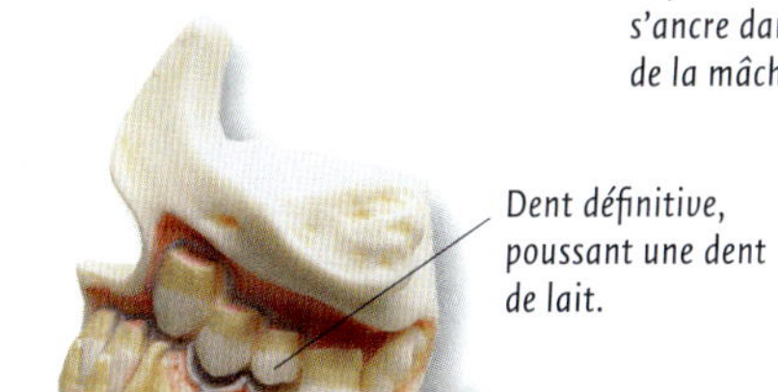

PREMIÈRE POUSSE

Les dents de lait, au nombre de 20, apparaissent dès l'âge de 6 mois et tombent entre 6 et 12 ans pour être remplacées par les dents définitives.

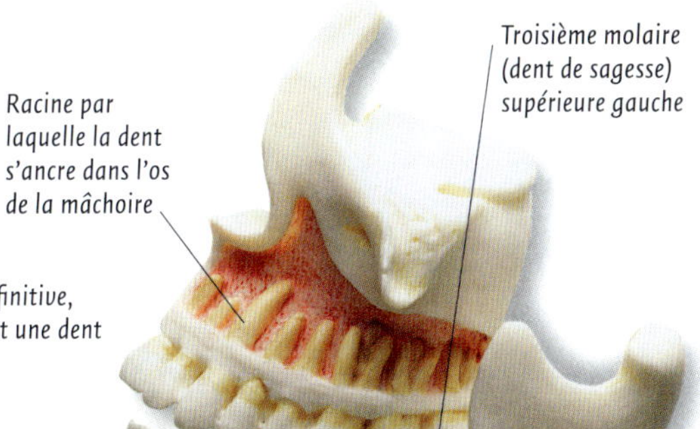

UN JEU DÉFINITIF

À l'issue de l'adolescence, les 32 dents définitives sont normalement en place. Chaque cadran de la mâchoire porte deux incisives, une canine, deux prémolaires et trois molaires. Il arrive que les dents de sagesse ne sortent jamais.

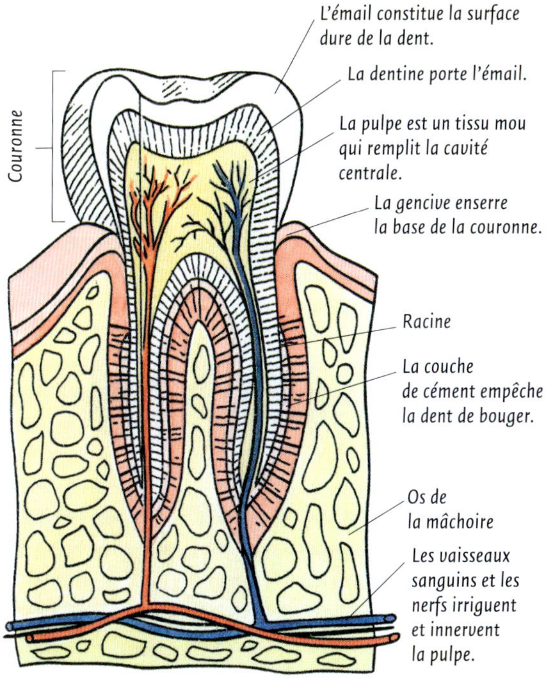

À L'INTÉRIEUR D'UNE DENT

Une couche protectrice d'émail (matière morte et très dure) recouvre la couronne de la dent, vue ici en coupe. Sous l'émail, la dentine s'enfonce dans l'os de la mâchoire, auquel elle est fixée par un cément. Au centre, la pulpe (un tissu vivant) renferme des vaisseaux sanguins (qui la nourrissent) et des terminaisons nerveuses sensibles à la pression.

LA DIGESTION

Après la déglutition, le bol alimentaire met dix secondes à atteindre l'estomac, où la digestion commence. Les aliments y sont digérés par les enzymes (substances chimiques) du suc gastrique et brassés pour donner une bouillie semi-liquide, appelée chyme, qui est progressivement libérée dans l'intestin grêle. Là, la bile –produite par le foie – et le suc pancréatique en atténuent l'acidité, tandis que d'autres enzymes poursuivent la fragmentation des aliments en molécules simples – c'est-à-dire assimilables par le corps – comme le glucose (sucre), les acides aminés et les acides gras. Ces nutriments, nécessaires aux cellules, sont absorbés par la muqueuse et passent dans le sang. Les résidus non digérés continuent dans le gros intestin, dont la muqueuse absorbe l'eau pour entretenir l'équilibre hydrique du corps.

L'USINE CHIMIQUE DU CORPS

Le foie, organe interne le plus gros – alimenté par le cœur en sang oxygéné et par les intestins en sang riche en nutriments –, remplit plus de 500 tâches, visant pour la plupart à conserver au sang une composition chimique stable. En passant par les cellules du foie, appelées hépatocytes, le sang se charge en nutriments à redistribuer ou, au contraire, s'y déleste de nutriments qu'il reprendra plus tard. Le foie sécrète aussi la bile (voir ci-dessous), désintoxique et désinfecte le sang et recycle les globules rouges usés. Ces activités chimiques, génératrices de chaleur, aident le corps à conserver une température stable.

L'ACTION DE L'ESTOMAC

L'estomac est un sac en forme de J qui s'étire à mesure qu'il se remplit. Après avoir traversé l'œsophage, le bol alimentaire y séjourne quelques heures durant lesquelles il est soumis à l'action du suc gastrique, qui digère les protéines, tout en étant brassé par les contractions de la paroi musculaire de l'estomac. Il devient alors une bouillie – le chyme – qui se déverse par à-coups dans l'intestin grêle.

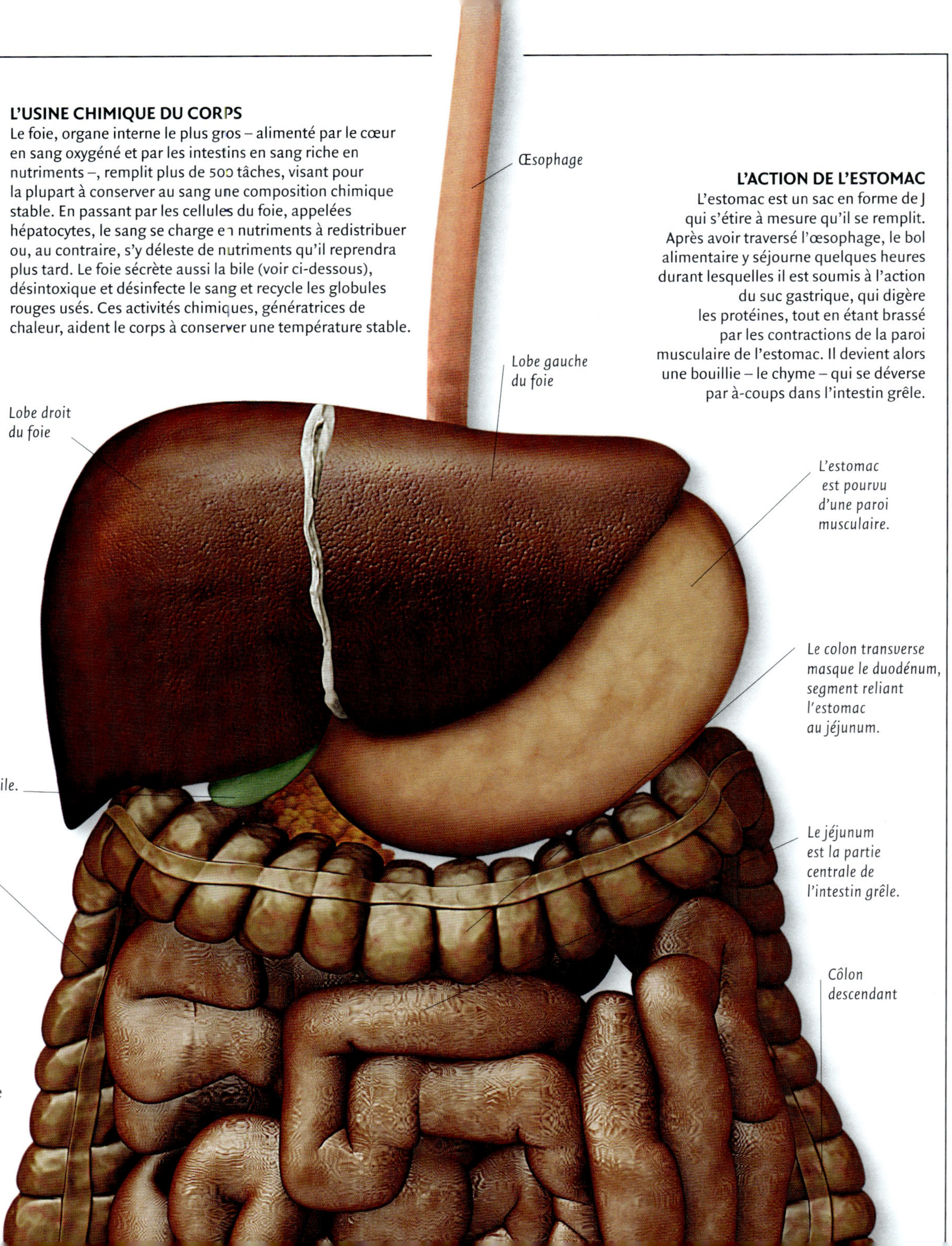

LES CRYPTES GASTRIQUES

Cette image au microscope MEB montre des cryptes gastriques. Ces petits trous, criblant par millions la muqueuse de l'estomac, mènent aux glandes gastriques, qui produisent le suc gastrique – mélange d'acide chlorhydrique, de pepsinogène et de mucus. Le pepsinogène, libéré, se transforme dans l'estomac en pepsine, une enzyme qui s'attaque aux protéines alimentaires. Le mucus libéré tapisse la muqueuse, évitant à celle-ci d'être

LES INTESTINS

L'intestin grêle, qui mesure environ 6 m de long, comporte trois parties. Le duodénum, court, reçoit le chyme en provenance de l'estomac mais aussi la bile du foie et les sucs digestifs (dont le suc pancréatique). La digestion s'achève dans le jéjunum et l'iléum, où les nutriments pénètrent dans la muqueuse ; formée de replis et tapissée de villosités – petites saillies arrondies –, celle-ci offre une surface d'absorption très étendue. Le gros intestin (1,50 m de long) comprend le cæcum, le côlon et le rectum. En traversant le côlon, les déchets semi-liquides provenant de l'iléum se solidifient

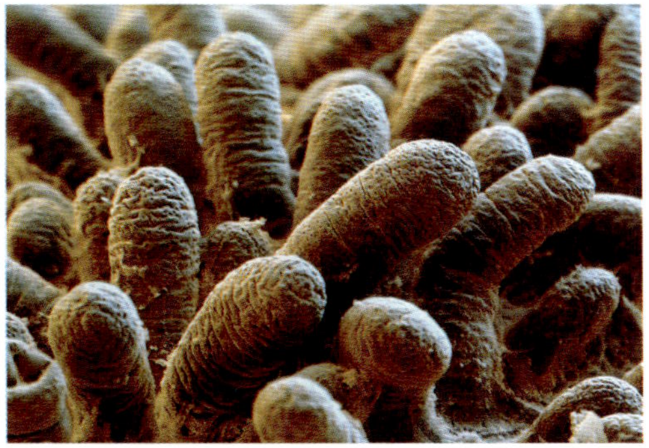

LA MUQUEUSE INTESTINALE

Cette image au microscope MEB montre les villosités de l'intestin grêle et les enzymes qui y sont fixés. Ces derniers fragmentent le chyme alimentaire en nutriments assimilables par les villosités. Les substances nutritives passent ensuite par absorption villositaire dans les vaisseaux capillaires sanguins et lymphatiques (p. 44-45).

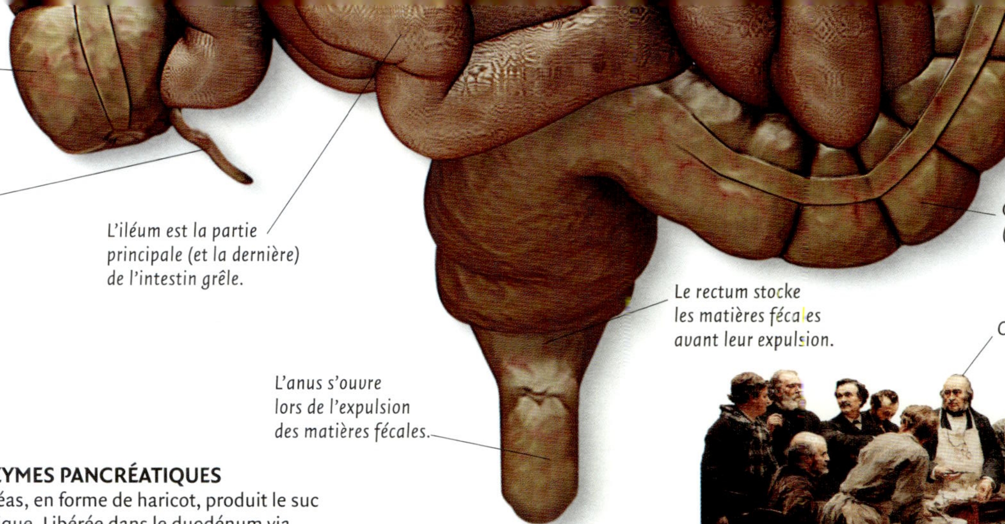

CLAUDE BERNARD

Le savant français Claude Bernard (1813-1878) a montré que le suc pancréatique joue un rôle clé dans la dégradation des lipides et que l'essentiel de la digestion se produit non pas dans l'estomac, comme on le croyait, mais dans l'intestin grêle. Il s'est aussi intéressé au phénomène d'homéostasie, par lequel le corps conserve des conditions internes stables, telles que la température ou l'équilibre en eau, en dépit des variations externes.

LES ENZYMES PANCRÉATIQUES

Le pancréas, en forme de haricot, produit le suc pancréatique. Libérée dans le duodénum via le canal pancréatique, cette substance contient des enzymes qui digèrent au sortir de l'estomac les glucides, protéines et lipides présents dans les aliments ingérés.

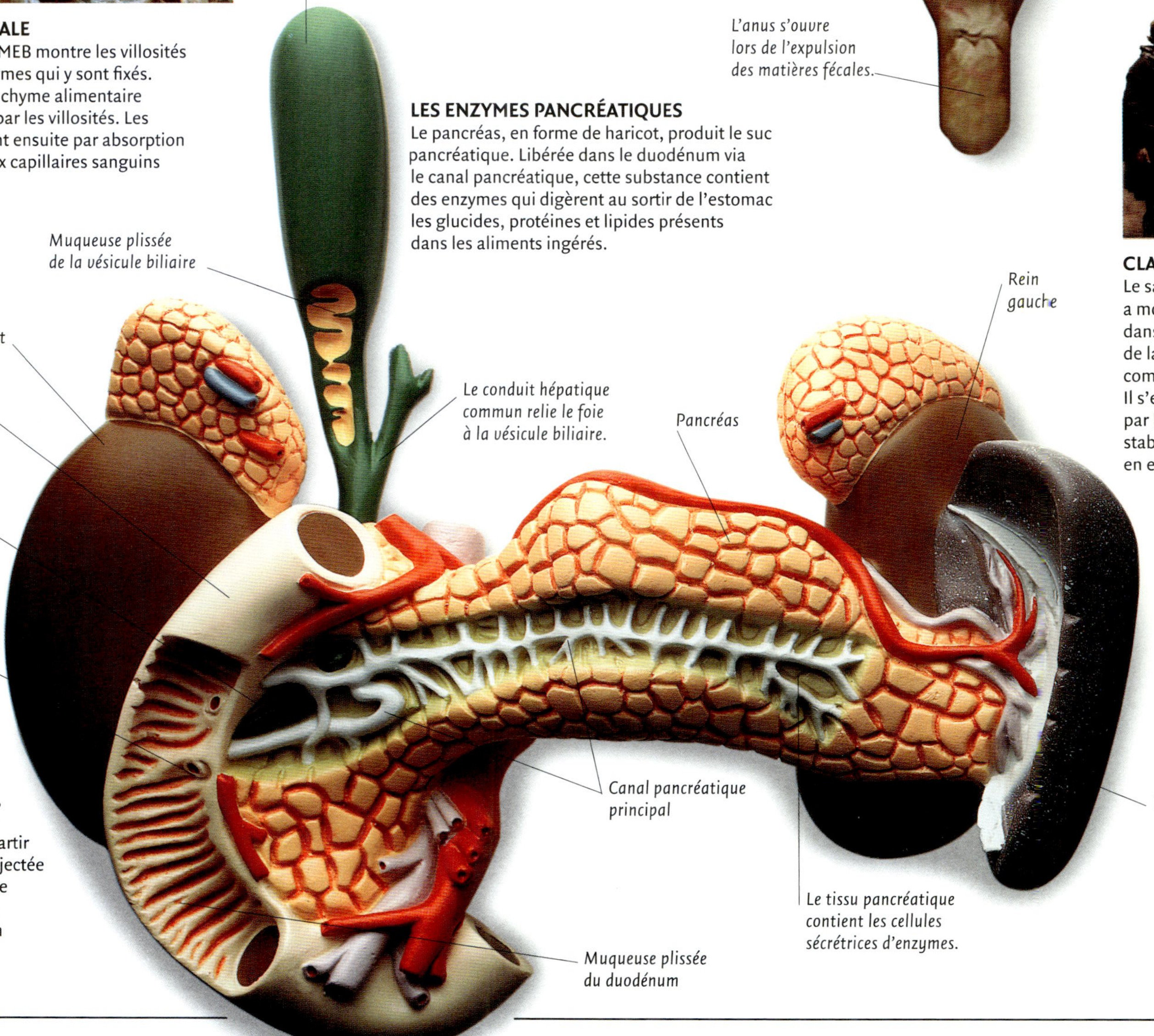

VÉSICULE BILIAIRE ET BILE

La vésicule biliaire est un sac extensible qui stocke la bile. Ce suc jaunâtre, produit par le foie, se compose de sels biliaires et de pigments élaborés à partir de vieux globules rouges. Injectée dans le duodénum à l'arrivée du chyme, la bile fragmente les molécules lipidiques afin d'en accélérer la digestion.

@ Digestion

LA FIN DU VOYAGE

Après ingestion des aliments, il faut de 20 à 24 heures à la fraction non digestible pour atteindre le rectum et être éliminée sous forme de matières fécales.

SE RETENIR
Lorsqu'un bébé a la vessie pleine, son cerveau, alerté par les récepteurs d'étirement présents dans la paroi musculaire de celle-ci, ordonne immédiatement la vidange. Progressivement l'enfant apprend à contrôler cette action réflexe.

L'ÉLIMINATION DES DÉCHETS

Les cellules rejettent sans cesse des déchets dans le sang – notamment l'urée produite par le foie – qui, s'ils n'étaient pas éliminés, finiraient par empoisonner le corps. C'est l'appareil urinaire, formé des deux reins, des uretères, de la vessie et de l'urètre, qui a la charge de contrôler et de nettoyer le sang, et d'évacuer les déchets. Les reins, composés d'unités de filtration microscopiques, absorbent tout d'abord l'excédent d'eau du sang – afin que son volume ne change pas – tout en le débarrassant de ses toxines. Le mélange d'eau et de déchets qui en résulte forme l'urine. Celle-ci s'écoule par les uretères dans la vessie, où elle est stockée avant d'être évacuée du corps, via l'urètre.

GÉNIE GREC
Le philosophe grec Aristote (384-322 av. J.-C.), considéré comme le père des sciences naturelles, remit en cause les conceptions anatomiques de son temps en partant de l'observation de corps d'hommes et d'animaux réels. On lui doit les premières descriptions de l'appareil urinaire et de son fonctionnement.

@ Système immunitaire

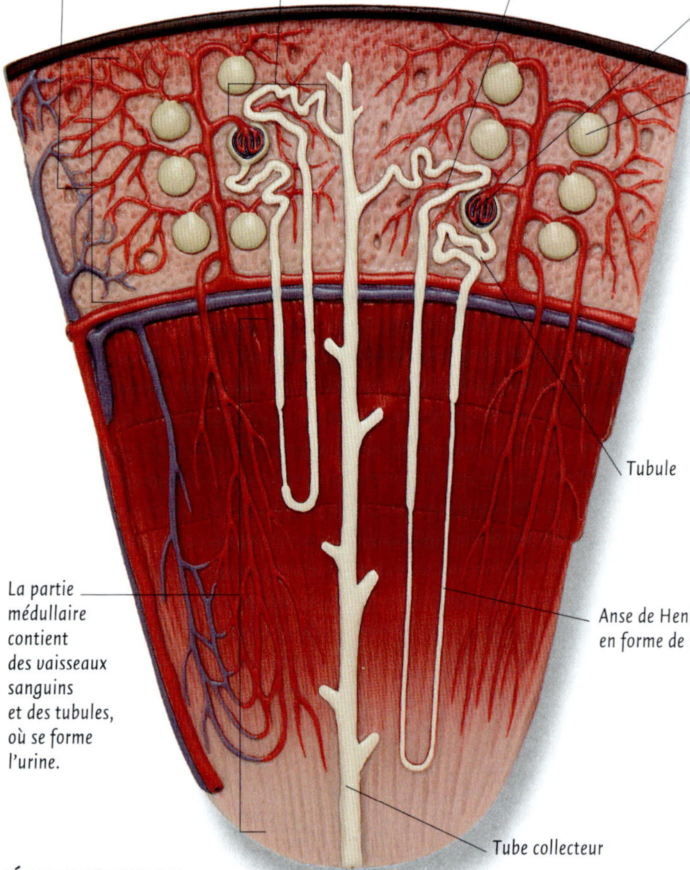

NÉPHRON FILTREUR
Le néphron, unité de filtration du rein, se compose d'un glomérule et d'une capsule de Bowman, d'où part un long tubule qui fait l'aller-retour entre le cortex et la partie médullaire avant de rejoindre un tube collecteur. L'urine primitive, qui circule dans le néphron via le tubule, restitue au sang les substances utiles ; ce faisant, elle se transforme en urine secondaire qui se jette dans le tube collecteur.

DES REINS MUNIS DE CAPSULES ET D'ANSES
L'anatomiste, histologue (spécialiste des tissus) et chirurgien anglais William Bowman (1816-1892) identifia en 1842 les capsules qui, depuis, portent son nom. L'anse de Henle, en forme de U, fut décrite 20 ans plus tard par l'anatomiste allemand Jakob Henle (1809-1885).

William Bowman

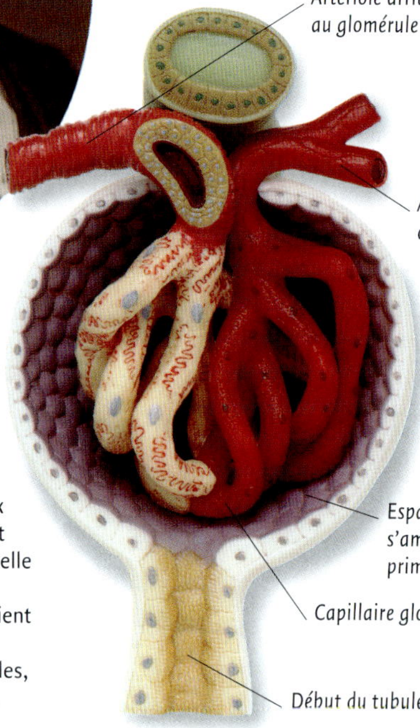

À L'INTÉRIEUR D'UNE CAPSULE DE BOWMAN
Les capsules de Bowman, en forme de vase rond, enveloppent chacune un glomérule (amas de vaisseaux capillaires) qui filtre le sang et produit l'urine primitive, laquelle s'amasse dans la chambre glomérulaire. Ce liquide contient non seulement des déchets, mais aussi des substances utiles, telles que du glucose (sucre).

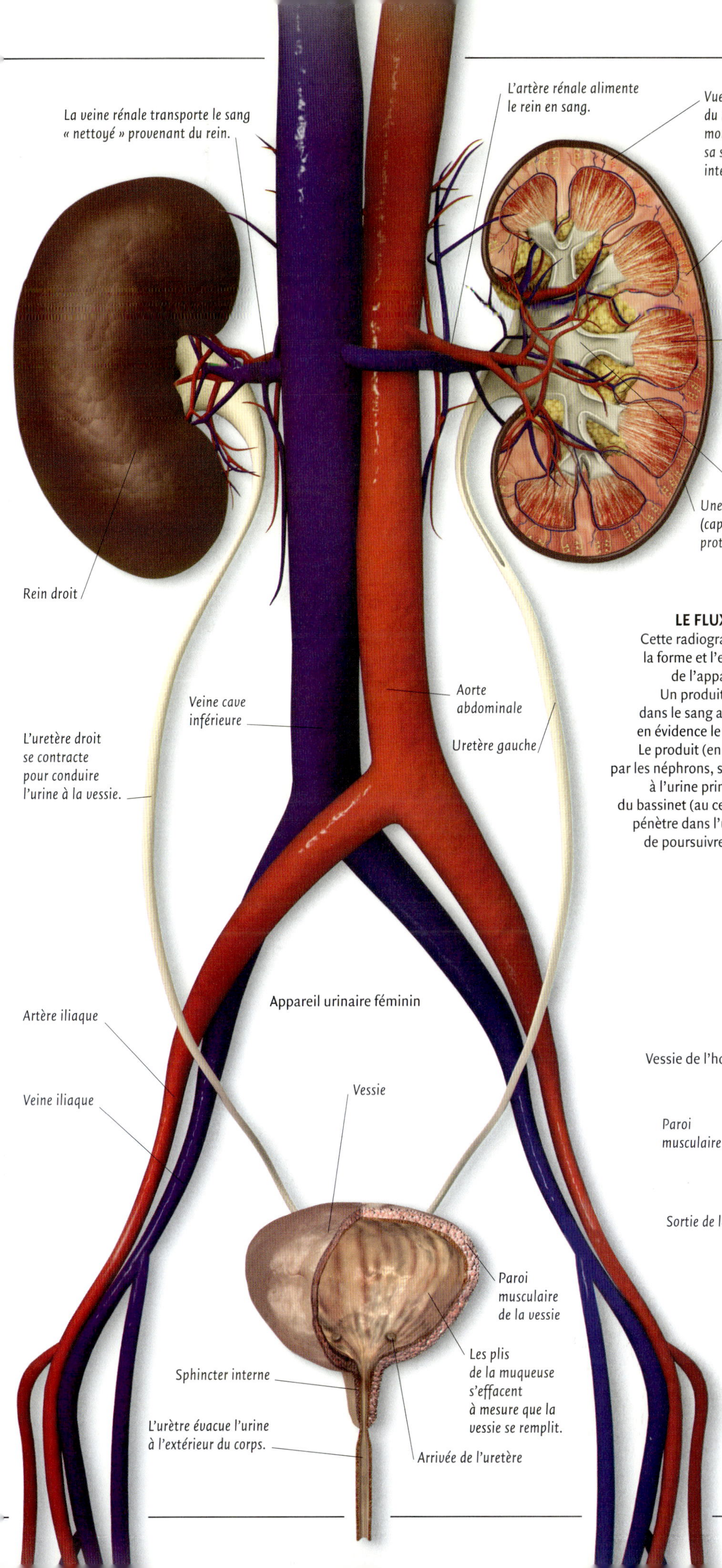

Appareil urinaire féminin

L'APPAREIL URINAIRE

Les reins contiennent chacun 1 million de néphrons, filtrant 1 750 litres de sang par jour et produisant 1,5 litre d'urine. L'urine collectée se déverse dans le bassinet, puis elle passe dans l'uretère. En se contractant, ce long tube à la paroi musculaire chasse le liquide en direction de la vessie, sorte de sac où elle séjourne jusqu'au prochain passage aux toilettes. La sortie de la vessie est maintenue hermétiquement fermée par un anneau musculaire, ou sphincter, qui se relâche au moment de la miction, permettant à l'urine d'être évacuée du corps, via l'urètre.

LE FLUX URINAIRE

Cette radiographie montre la forme et l'emplacement de l'appareil urinaire. Un produit a été injecté dans le sang afin de mettre en évidence le flux urinaire. Le produit (en rouge), filtré par les néphrons, s'est mélangé à l'urine primaire. L'urine du bassinet (au centre du rein) pénètre dans l'uretère avant de poursuivre en direction de la vessie.

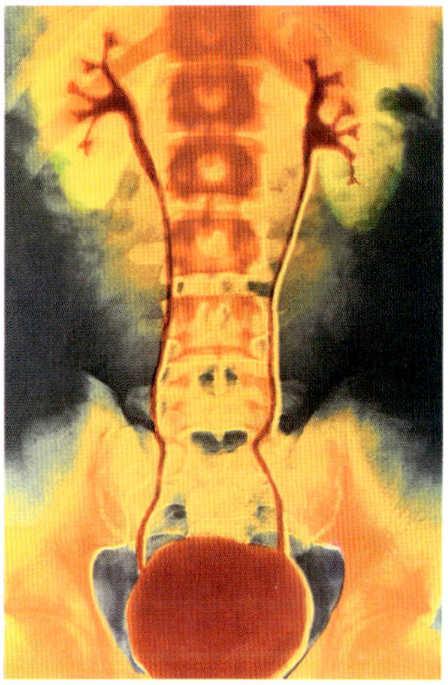

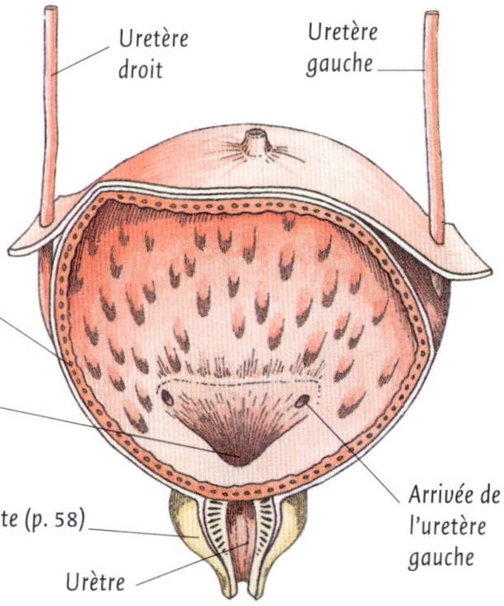

Vessie de l'homme

UNE ENVIE URGENTE

La vessie possède une paroi élastique, ce qui lui permet de beaucoup se remplir. À partir d'un certain degré d'étirement, les mécanorécepteurs de la paroi signalent au cerveau que l'organe est plein : l'envie d'uriner survient. Lorsque le sphincter se relâche, les muscles de la paroi se contractent et poussent l'urine dans l'urètre.

HOMME ET FEMME
Ces figures masculine et féminine sont tirées de l'*Épitome*, livre d'anatomie publié par André Vésale en 1543. La représentation des caractères extérieurs montre que l'homme a les muscles plus développés, les épaules plus larges, le bassin plus étroit et les poils plus abondants. Les courbes de la femme sont arrondies par la présence de graisse en plus grande quantité, notamment au niveau des cuisses et de l'abdomen. Les hanches sont larges et la poitrine développée.

L'APPAREIL REPRODUCTEUR

Comme tous les êtres vivants, notre espérance de vie est limitée. Perpétuer l'espèce passe donc par la reproduction, qui chez l'être humain est sexuée. Les appareils reproducteurs masculin et féminin diffèrent l'un de l'autre, et la procréation, c'est-à-dire la production d'un nouvel individu à partir de deux cellules sexuelles (gamètes), implique la rencontre des deux sexes. L'appareil reproducteur masculin comprend la verge et les testicules, reliés par un ensemble de canaux et de glandes. Les testicules produisent les spermatozoïdes (gamètes en forme de têtard). L'appareil reproducteur féminin comprend les ovaires, les trompes de Fallope, l'utérus et le vagin. Les ovaires produisent et libèrent des ovules (gamètes ronds). Lorsqu'un ovule et un spermatozoïde fusionnent dans le corps de la femme à l'occasion d'un coït il y a fécondation. Dans ce cas, les deux ADN (information génétique) dont chacun est porteur se combinent en un seul pour former, dans l'utérus, un embryon.

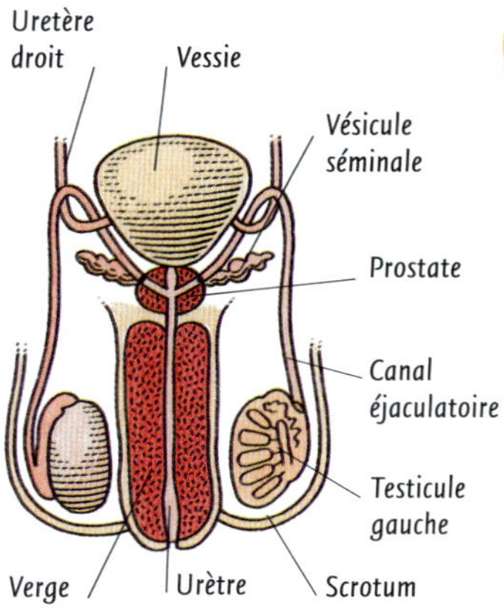

Vue de face de l'appareil reproducteur masculin

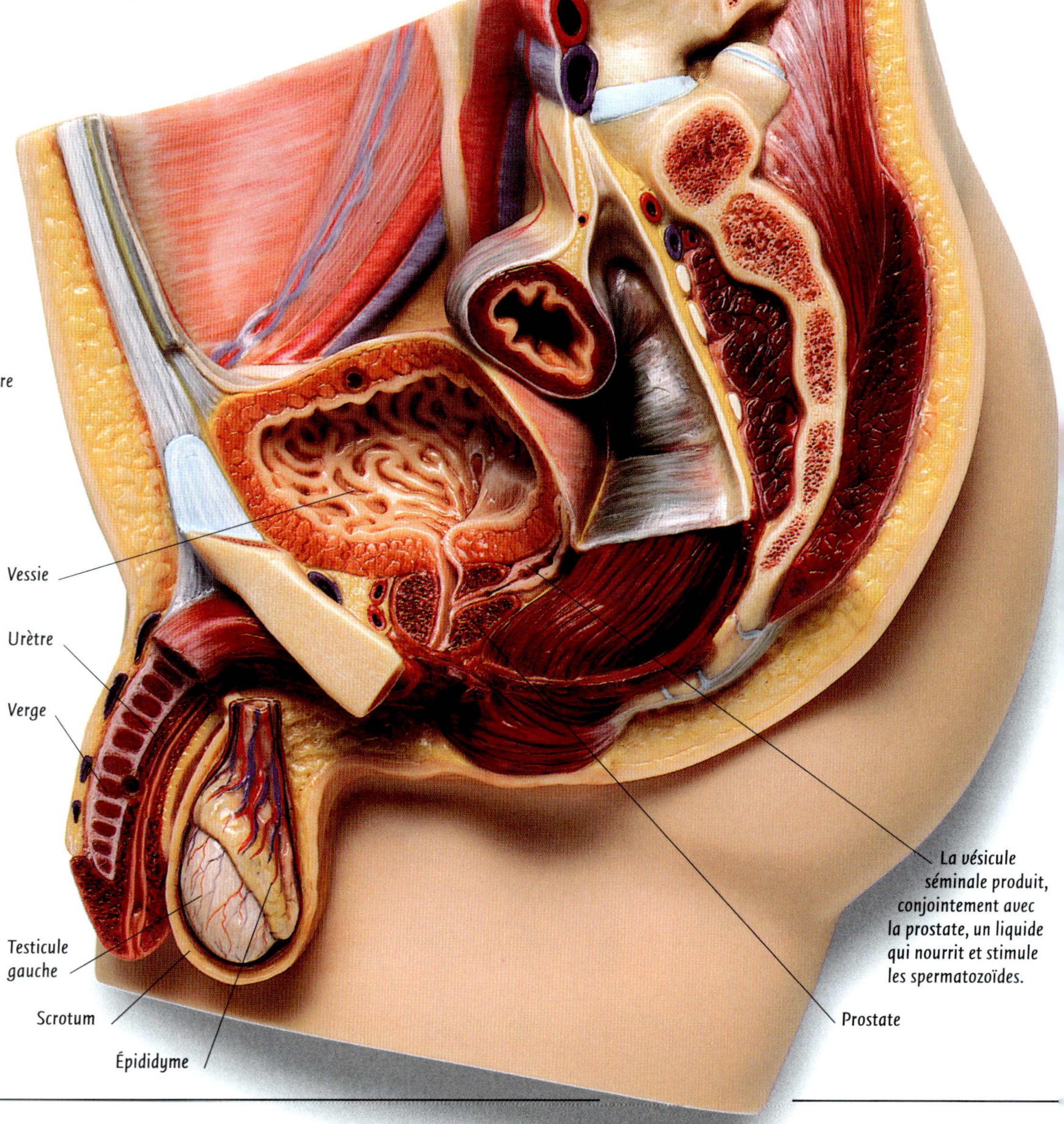

LES ORGANES GÉNITAUX MASCULINS
Cette vue en coupe de l'appareil reproducteur masculin montre un testicule de profil, pendant hors du corps dans un sac de peau, appelé bourse ou scrotum. À l'intérieur, une hormone stimule la spermatogenèse. Durant le coït, au moment de l'orgasme, des contractions musculaires éjectent le sperme dans l'urètre, via le canal éjaculatoire. La production des spermatozoïdes étant ininterrompue durant toute la vie adulte, ceux qui ne sont pas libérés sont détruits et réabsorbés.

LES RÈGLES

Chaque mois, l'appareil reproducteur féminin connaît une série de modifications débutant par des saignements, appelés règles ou menstrues. Ce phénomène cyclique, qui commande la libération par l'ovaire d'un ovule, fait aussi épaissir la muqueuse utérine en vue de recevoir l'ovule s'il y a fécondation. Le cycle menstruel, qui dure 28 jours en moyenne, est contrôlé par des hormones hypophysaires (p. 40-41) et ovariennes.

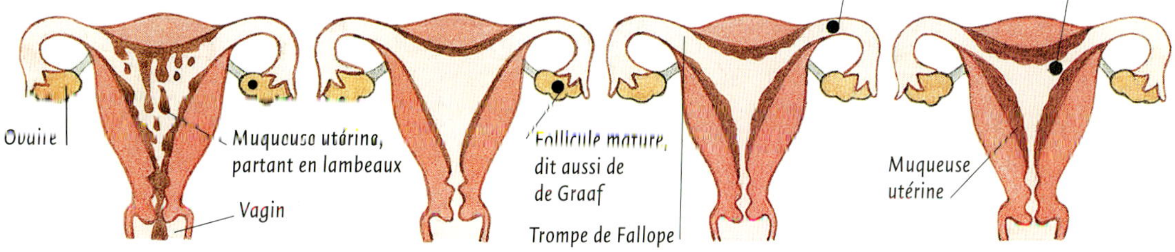

1re SEMAINE La muqueuse utérine, épaissie lors du cycle précédent, part en lambeaux, qui s'échappent par le vagin sous forme de saignements.

2e SEMAINE À la surface de l'un des deux ovaires, un follicule (une « bulle » contenant un ovule) se met à grossir et devient mature. La muqueuse utérine commence à épaissir.

3e SEMAINE En milieu de cycle, l'ovulation à lieu. Le follicule mature éclate et libère l'ovule qu'il contient. Celui-ci migre en direction de l'utérus via la trompe de Fallope.

4e SEMAINE La muqueuse utérine est épaisse et gorgée de sang. S'il a été fécondé, l'ovule s'enfonce dans la muqueuse. Sinon, il est détruit et le cycle recommence.

@ Reproduction

REINIER DE GRAAF

Le médecin et anatomiste hollandais Reinier de Graaf (1641-1673) étudia en détail l'appareil reproducteur humain. Dans un livre sur les organes génitaux féminins, publié en 1672, il décrit les ovaires, parlant notamment d'une bulle apparaissant tous les mois à la surface de l'un d'eux. On se rendit compte plus tard que ces « bulles » (les follicules) contenaient chacune un ovule beaucoup plus petit. Elles furent baptisées follicules de de Graaf en l'honneur de leur découvreur.

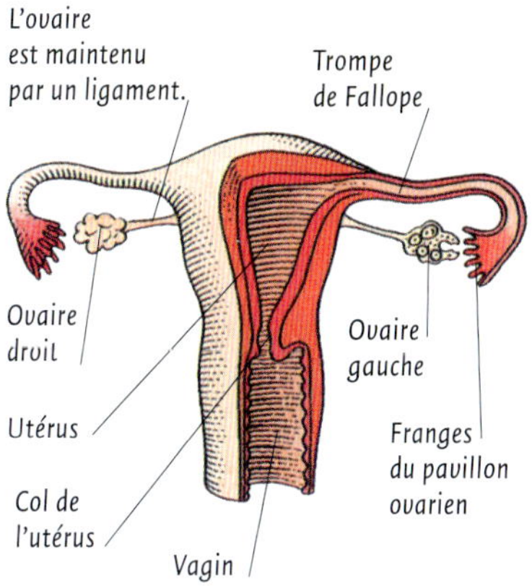

Vue de face de l'appareil reproducteur féminin

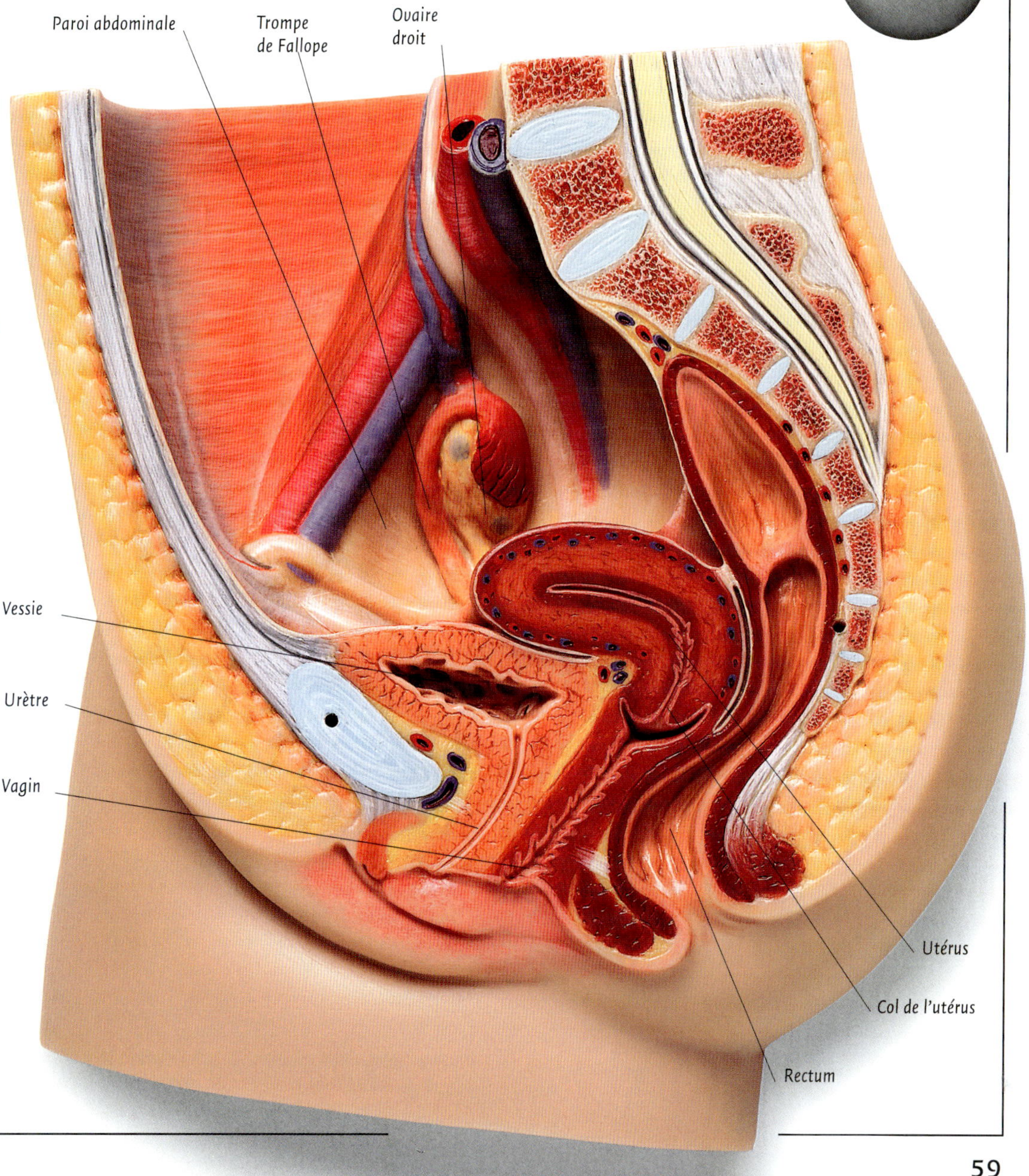

LES ORGANES GÉNITAUX FÉMININS

Durant tout le temps où la femme est fertile, un ovule est libéré chaque mois par l'un des deux ovaires. L'ovule, transporté par les franges du pavillon ovarien, pénètre dans la trompe de Fallope, qui le conduit à l'utérus. Si son chemin croise celui d'un spermatozoïde, il y a fusion. L'ovule fécondé s'implante dans la muqueuse utérine et un embryon se développe. En l'absence de fécondation, l'ovule est réabsorbé. À mesure que le fœtus se développe, l'utérus augmente de volume. Au bout de 9 mois, le bébé s'engage dans le vagin, par lequel il naît.

LE DÉBUT DE LA VIE

La fécondation, fusion de deux ADN (information génétique) portés pour l'un par un spermatozoïde, gamète mâle, et pour l'autre par un ovule, gamète femelle, aboutit à la formation d'un œuf (zygote) pas plus gros que le point à la fin de cette phrase. S'il parvient à s'implanter dans la muqueuse utérine, le zygote devient embryon, puis fœtus. Environ 38 semaines après la fécondation, des changements spécifiques dans le corps de la femme signalent que la naissance est imminente. La paroi de l'utérus commence à se contracter, puis les contractions vont crescendo jusqu'à ce que les membranes entourant le bébé se rompent, laissant échapper le liquide amniotique dans lequel il avait baigné jusque-là. Le col de l'utérus se dilate et l'enfant est poussé dans le vagin. Une fois dehors, il inspire à pleins poumons. Son plein développement nécessitera encore plusieurs années durant lesquelles il recevra les soins de ses parents.

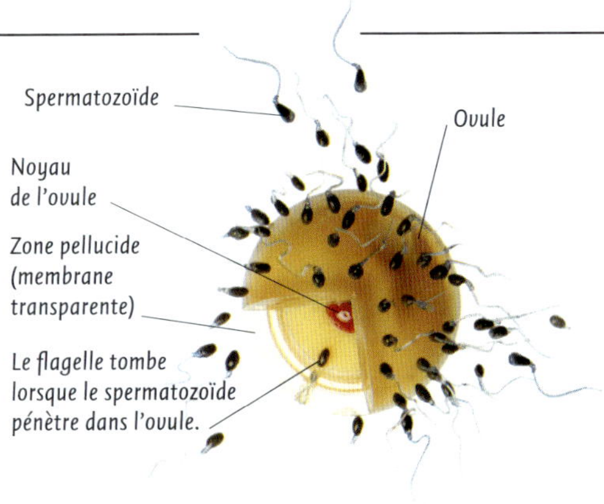

FÉCONDATION D'UN OVULE
Cette vue montre un amas de spermatozoïdes – pourvu chacun d'une tête, contenant le noyau, et d'un flagelle, qui leur sert à se propulser – cherchant à franchir la membrane (ici en partie en coupe) d'un ovule. L'un d'entre eux y est parvenu. Il s'est débarrassé de son flagelle, et sa tête (noyau) va fusionner avec le noyau de l'ovule, qui sera ainsi fécondé. Plus aucun autre spermatozoïde ne peut alors pénétrer.

DE L'OVULE À L'EMBRYON
L'ovule fécondé se divise en deux cellules, puis quatre, huit, etc. Une semaine plus tard, l'amas cellulaire s'implante dans la muqueuse utérine, où il devient embryon. En se divisant, les cellules embryonnaires forment des muscles, des nerfs et autres tissus. Cinq semaines après la fécondation, alors que l'embryon n'est pas plus gros qu'un pois, membres et organes internes commencent à apparaître.

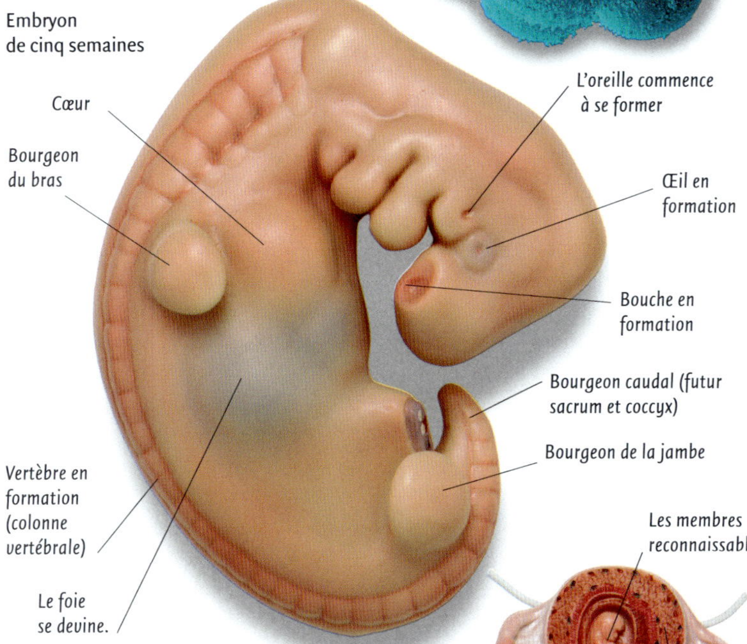

FONDATEUR DE L'EMBRYOLOGIE
En 1600, le médecin et anatomiste italien Girolamo Fabrizi (1537-1619) publie le premier traité d'embryologie connu, intitulé *De Formata Fœtu*, dans lequel il décrit le développement intra-utérin chez différents animaux, dont l'être humain. Fabrizi est aussi celui qui a baptisé l'ovaire, dont il a entre-aperçu la fonction.

Reproduction

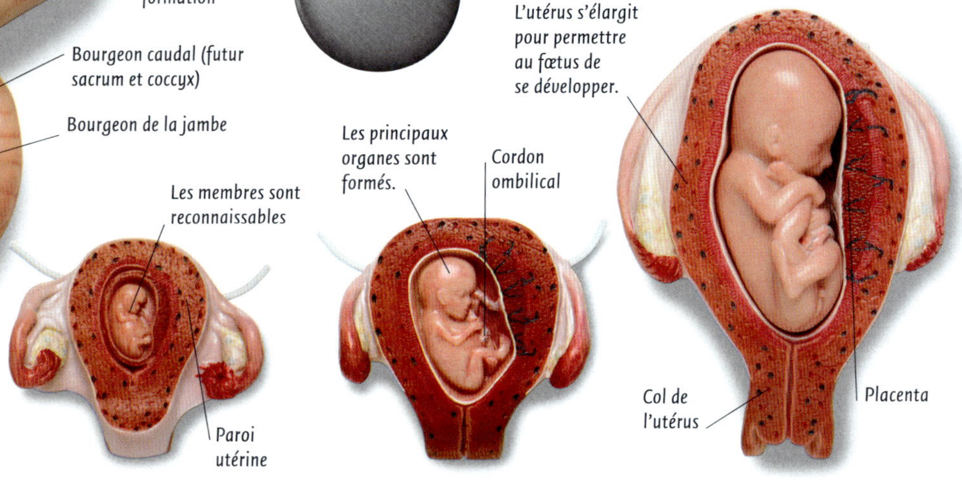

DÉVELOPPEMENT FŒTAL
À partir du troisième mois après la fécondation et jusqu'à la naissance, l'enfant acquiert forme humaine. On parle dès lors de fœtus, mot d'origine latine signifiant fruit ou résultat. À deux mois, alors qu'il n'est pas plus gros qu'une fraise, tous les organes majeurs sont formés et le cœur bat. Sept mois plus tard, à l'approche du terme de la grossesse, le fœtus pèse 3 à 4 kg.

1 DEUX MOIS Le fœtus, qui mesure 3 cm, a déjà ses bras, jambes, doigts et orteils. Le volume du cerveau augmente rapidement.

2 TROIS MOIS Le fœtus, qui mesure environ 10 cm, a une forme humaine. Ses yeux sont visibles.

3 CINQ MOIS Le fœtus, qui mesure 25 cm, réagit aux sons par des coups de pied et des soubresauts. Le ventre de la mère s'arrondit.

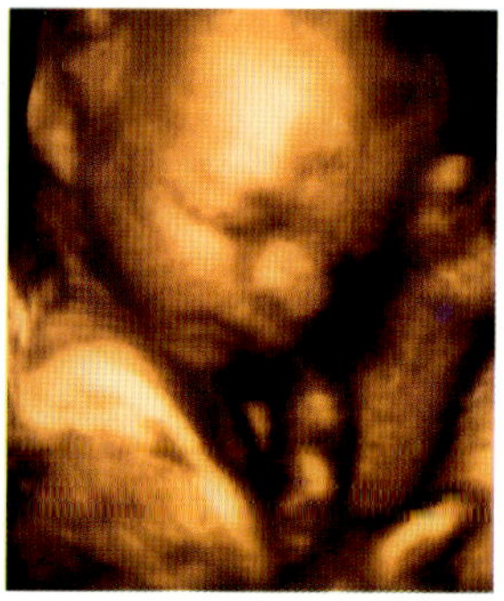

UNE GROSSESSE CONTRÔLÉE

La première échographie, qui permet d'observer le bébé dans le ventre de sa mère pour s'assurer que tout va bien, est réalisée vers la douzième semaine. Des faisceaux d'ultrasons, ondes à très haute fréquence, sont projetés sur l'abdomen de la mère au moyen d'une sonde qui réceptionne les échos. Communiqués à un ordinateur, ceux-ci s'affichent à l'écran sous forme d'image. Ce cliché 3D montre clairement le fœtus portant sa main gauche à son front.

LE PLACENTA

Le placenta est un disque de tissu accolé à la paroi de l'utérus. À l'intérieur, les vaisseaux sanguins de la mère côtoient ceux du fœtus. Ce voisinage permet à l'oxygène et aux nutriments de passer du sang de la mère à celui du fœtus. Les déchets produits par les cellules du bébé, qui doivent être éliminés, empruntent le chemin inverse. À la naissance, le cordon ombilical est pincé et sectionné, ce qui provoque le détachement du placenta, qui est alors expulsé par le vagin.

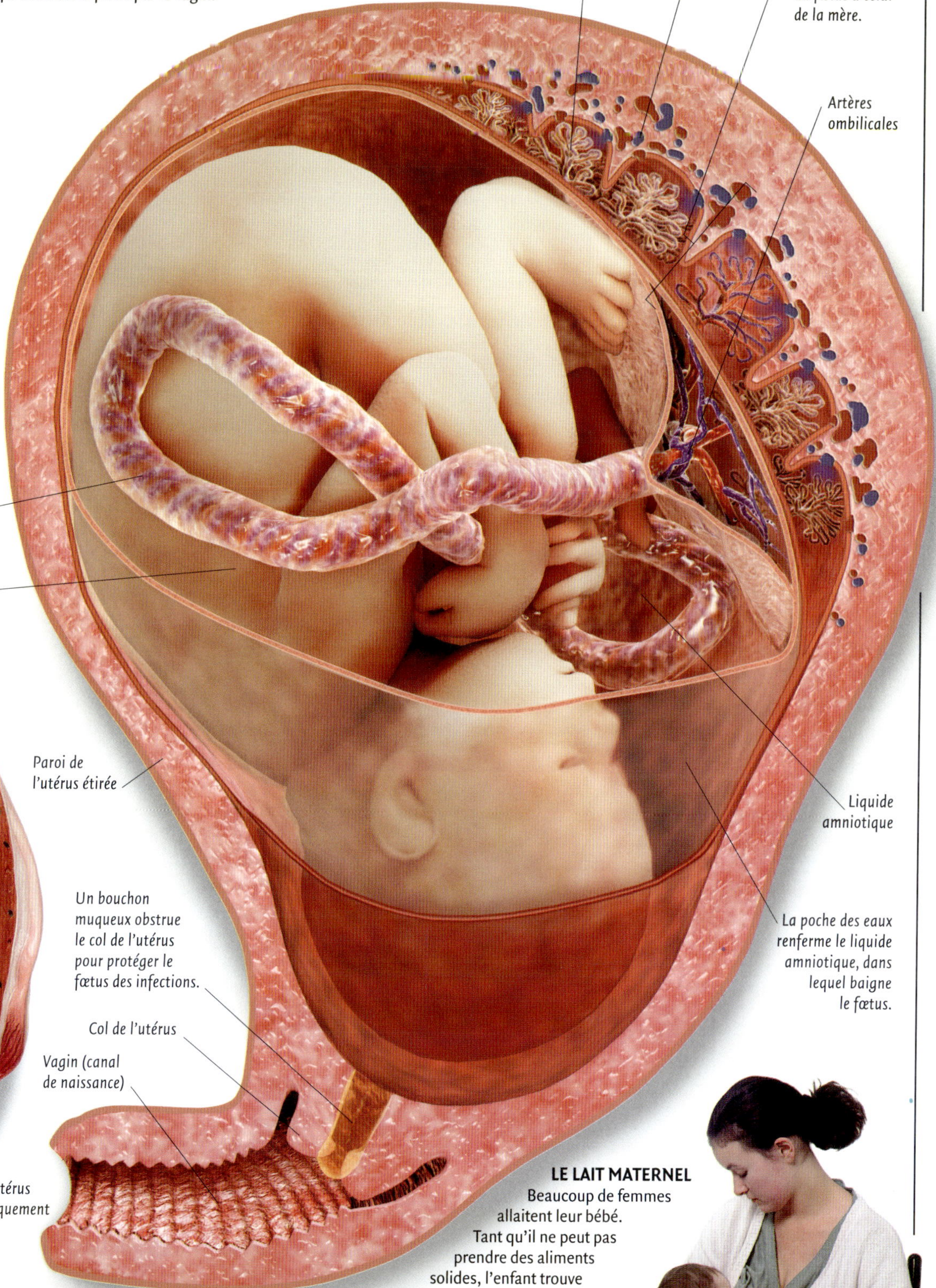

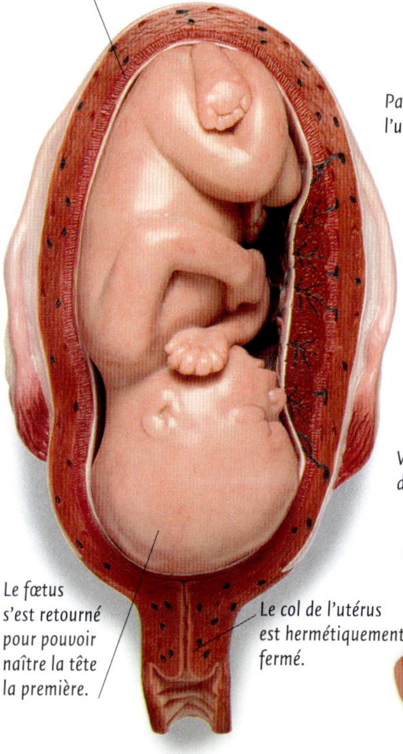

4 SEPT MOIS
Le fœtus, qui mesure environ 30 cm, commence à être à l'étroit dans l'utérus. Ses yeux sont ouverts et ses ongles visibles.

5 NEUF MOIS
Le fœtus, maintenant complètement développé, mesure environ 50 cm. Il réagit à la musique et aux voix. Ses poumons sont formés et il est prêt à naître.

LE LAIT MATERNEL

Beaucoup de femmes allaitent leur bébé. Tant qu'il ne peut pas prendre des aliments solides, l'enfant trouve dans le lait maternel les nutriments dont il a besoin pour croître et se développer. Le lait, sécrété dans le sein par des glandes, est libéré sous l'action de la tétée. En outre, l'allaitement renforce le lien qui unit la mère à l'enfant.

CROISSANCE ET DÉVELOPPEMENT

De la naissance à la vieillesse, tous les êtres humains suivent un même schéma de croissance et d'évolution corporelle. Le nouveau-né a la tête et le cerveau volumineux par rapport au corps et les membres courts. Le tronc (thorax et abdomen) rattrape son retard durant l'enfance, alors que les bras et les jambes continuent de s'allonger jusqu'à la fin de l'adolescence, période durant laquelle ont lieu le plus grand nombre de changements physiologiques et psychologiques. Vers 20 ans, la croissance est normalement finie. Le corps mûrit, puis, passé un certain âge, commence à décliner. Ces évolutions sont liées aux chromosomes contenues dans le noyau des cellules. Chaque chromosome est constitué d'une longue molécule d'ADN dont les segments, appelés gènes, contiennent, sous forme codée, l'information nécessaire à la construction et à la régénération du corps. Quelque 25 000 gènes sont contenus dans le génome, ensemble du matériel génétique.

UNE MOLÉCULE MAÎTRESSE
En 1953, le biologiste américain James Watson (né en 1928), à gauche, et le biophysicien britannique Francis Crick (1916-2004) découvrent la structure de l'ADN. Cette photo montre les deux savants devant leur maquette de l'ADN moléculaire. On peut y voir deux brins parallèles s'enroulant l'un autour de l'autre pour former comme une échelle en hélice, dont les échelons encodent l'information contenue dans le gène.

GÈNES ET HÉRÉDITÉ
Lorsqu'un homme et une femme procréent chacun transmet à l'enfant un ensemble de gènes équivalents. Cette transmission du matériel génétique est appelée hérédité Les gènes que cette petite fille a hérités de ses parents forment pour la plupart des paires identiques. Chaque individu possède ainsi une combinaison unique de gènes, certains déterminant les caractères individuels, comme l'apparence physique ou l'aptitude au sport. Bien qu'ayant hérité de ses cheveux noirs et de ses yeux marron, la petite fille n'est pas identique à sa maman.

Génétique

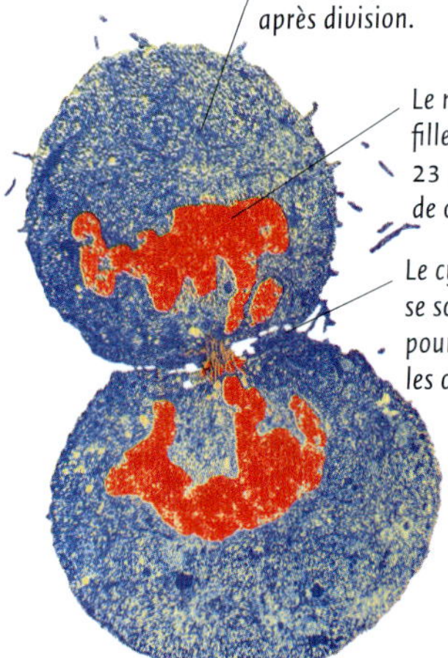

LA DIVISION CELLULAIRE
La croissance suppose que les cellules se renouvellent, ce qui se fait par division. Selon un processus appelé mitose, chacun des chromosomes se duplique à l'intérieur d'une cellule mère pour produire une copie identique de lui-même.
Les chromosomes dupliqués s'alignent, puis se divisent, chaque moitié migrant en sens opposé vers les pôles. Finalement le cytoplasme se scinde et deux cellules filles, identiques, apparaissent.

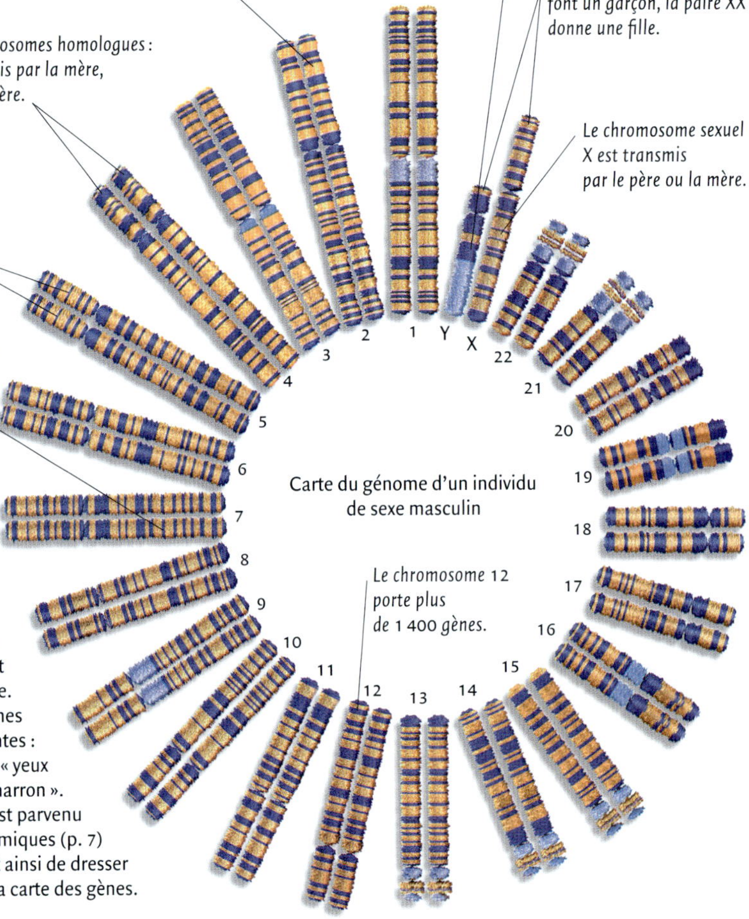

CHROMOSOMES ET GÈNES
Chaque cellule contient 23 paires de chromosomes porteurs de l'information génétique. Leur nombre et leur forme sont les mêmes pour tous les individus. La vingt-troisième paire – XY chez l'homme et XX chez la femme – détermine le sexe. Chaque paire comporte un chromosome venant de la mère et un autre du père. Chacune partage le même lot de gènes mais parfois avec des versions différentes : certains sont inactifs comme le gène « yeux bleus » dominé par le gène « yeux marron ». En 2003, le projet Génome humain est parvenu à identifier la séquence des bases chimiques (p. 7) sur le génome, permettant ainsi de dresser la carte des gènes.

LA CROISSANCE ET LE SQUELETTE

Avant la naissance, le squelette en formation est fait de cartilage souple ou, en ce qui concerne le crâne, de membranes fibreuses. À mesure que le fœtus se développe, la plupart de ces tissus s'ossifient.
À la naissance, les os du crâne, encore incomplètement ossifiés, sont reliés entre eux par des fontanelles, membranes souples qui permettent à la tête du bébé de se comprimer un peu lors de l'expulsion et, par la suite, au cerveau de croître.
Les fontanelles s'ossifient ensuite à leur tour, et les os se retrouvent unis par des sutures, articulations fixes en zigzag. Durant l'enfance, les os de la face croissent rapidement pour être en phase avec ceux du crâne.

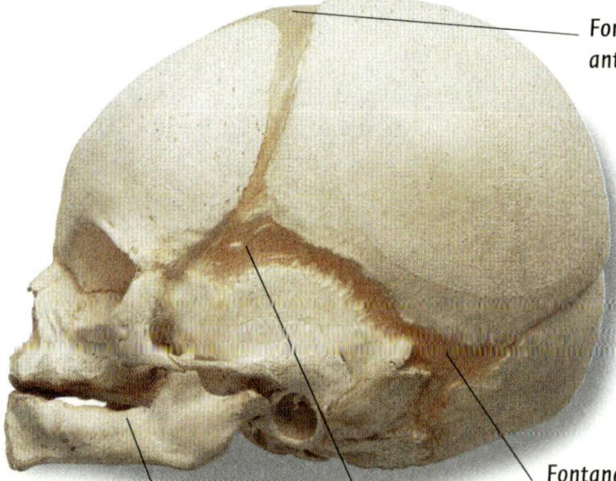

Crâne de fœtus

PUBERTÉ ET ADOLESCENCE

Durant les trois ou quatre années que dure la puberté, la croissance s'accélère et l'appareil reproducteur devient fonctionnel. Les filles y entrent généralement vers 10-12 ans : leurs hanches s'élargissent, les seins se développent, les ovaires commencent à produire des ovules ; les garçons l'atteignent un peu plus tard, vers 12-14 ans : le corps s'étoffe, la voix mue, la moustache apparaît, les testicules se mettent à produire des spermatozoïdes. L'adolescence, période plus étendue, au cours de laquelle l'enfant devient peu à peu adulte, est marquée par des changements physiologiques et psychologiques s'accompagnant parfois d'inquiétude, de révolte et d'une soif de nouveauté. Dans le film *La Fureur de vivre* (1955), James Dean incarne un adolescent représentatif de cette période de la vie.

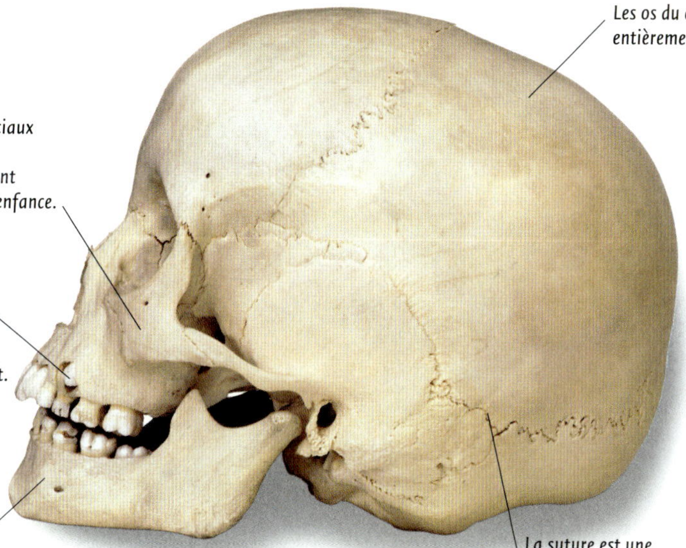

Crâne d'un enfant de 6 ans

LA VIEILLESSE

À partir de 50 ans environ, les marques du vieillissement du corps sont plus visibles. La peau perd de son élasticité et se ride. Le cœur et les poumons deviennent moins efficaces, les articulations se raidissent, les os sont plus fragiles, la vue baisse et les facultés cérébrales diminuent. Toutefois, ces changements sont progressifs et peuvent être freinés par une bonne hygiène de vie. En prenant l'habitude de manger équilibré et de faire suffisamment d'exercice, on peut espérer conserver la forme jusqu'à 80 ans et plus.

Chef Crow (vers 1906)

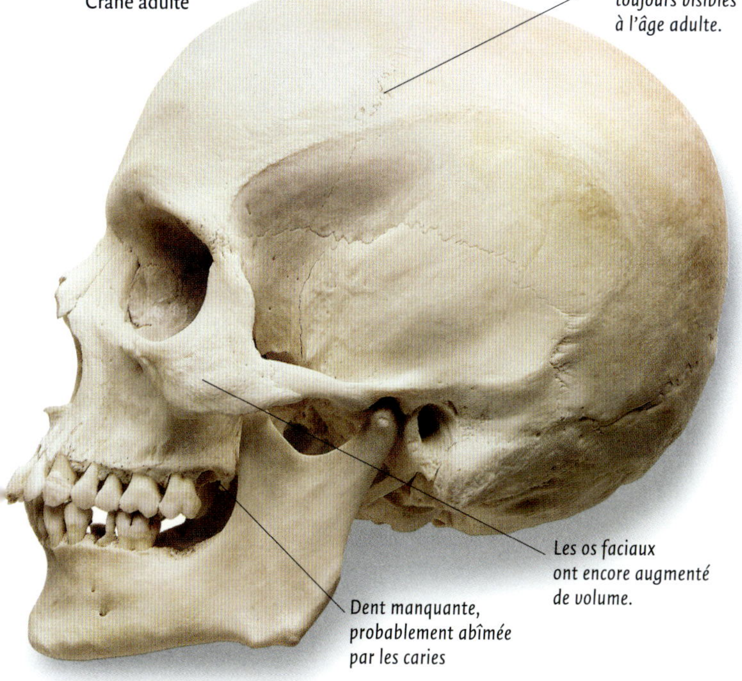

Crâne adulte

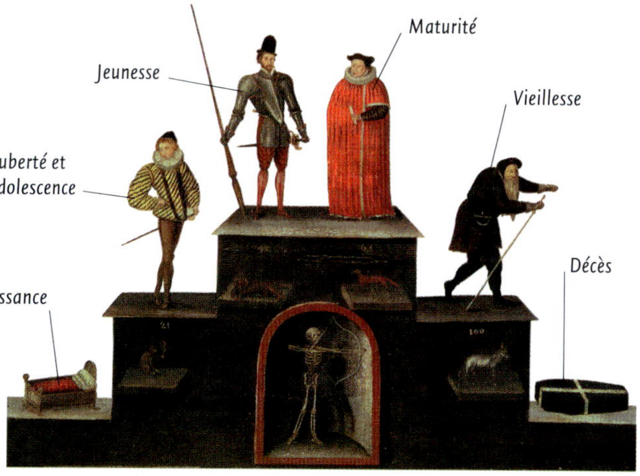

DU BERCEAU À LA TOMBE

Les âges de la vie se succèdent pareillement pour tous les individus, comme le montre cette illustration du XVIe siècle. Après l'enfance viennent la puberté et l'adolescence, puis l'âge adulte, qui comprend trois phases : la jeunesse, période de responsabilité, où l'on devient parent, la maturité, qui apporte sagesse, mais aussi les premiers signes de sénescence, et la vieillesse, période de déclin. Aujourd'hui, grâce aux progrès de l'alimentation, de la médecine et de l'hygiène, l'espérance de vie dans les pays développés avoisine les 80 ans, soit deux fois plus qu'au XVIe siècle.

LE CORPS DU FUTUR

Les avancées biologiques, médicales, électroniques et technologiques permettront bientôt de réparer et d'améliorer le corps humain de façon inimaginable il y a encore peu. Pour des raisons bioéthiques, liées au caractère sacré de la vie, beaucoup s'opposent à l'utilisation des cellules souches et à la création d'embryons hybrides. Les membres bioniques et la culture d'organes artificiels échappent cependant à cette critique. Quant aux micropuces cérébrales, « nanobots » et autres « cyborgs », ils relèvent pour l'heure plus de la fiction que de la réalité.

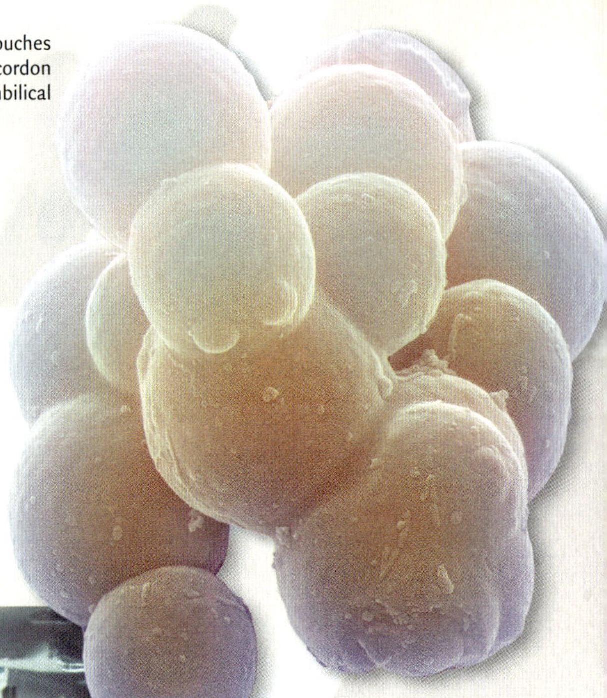

Cellules souches du cordon ombilical

LES CELLULES SOUCHES

Les médecins espèrent pouvoir utiliser les cellules souches pour réparer les tissus abîmés. Ces cellules, indifférenciées, produisent par division différents types de cellules spécialisées pouvant servir à construire des tissus organiques. Les plus adaptables sont prélevées à des fins de recherche sur des embryon spécialement conçus pour cela, pratique considérée par certains comme éthiquement contestable. On se sert d'ores et déjà de cellules souches provenant de cordons ombilicaux pour produire différents types de cellules sanguines.

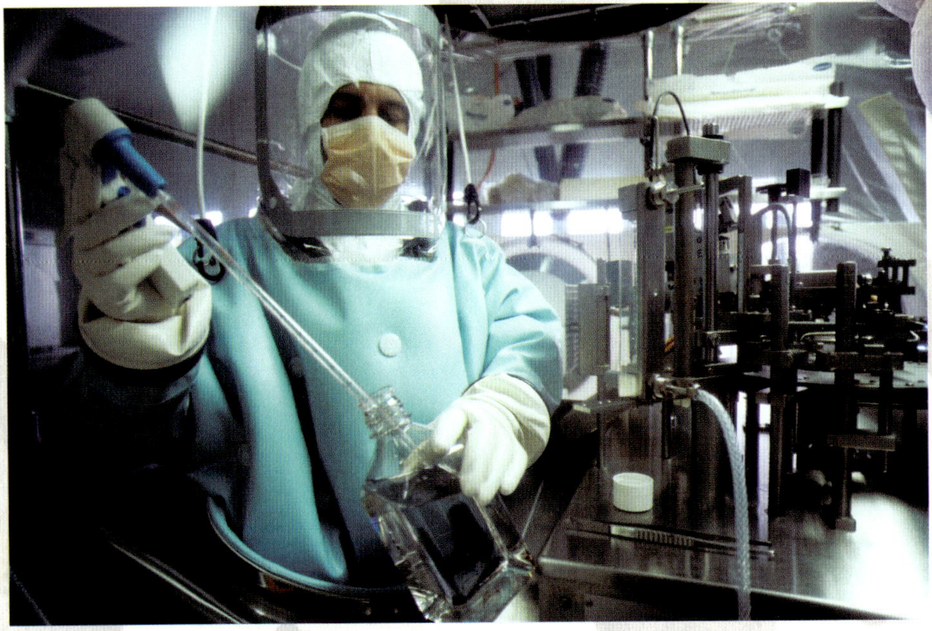

LA THÉRAPIE PAR LES GÈNES

Chaque cellule contient environ 25 000 gènes différents, qui, ensemble, forment l'information permettant au corps de se développer et de fonctionner. Un gène défectueux peut être cause de maladie. Les chercheurs (ci-dessus) espèrent guérir certaines pathologies grâce à la thérapie génique, méthode consistant à remplacer les gènes altérés par des gènes sains. Un virus rendu inoffensif est utilisé comme vecteur (« véhicule ») pour introduire le gène normal dans les cellules afin de les soigner.

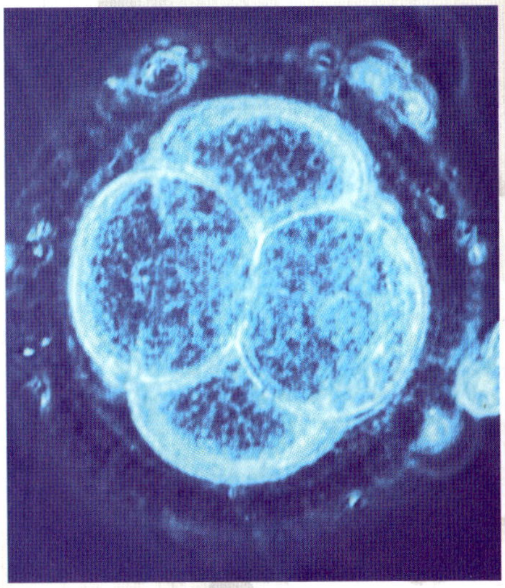

LES EMBRYONS HYBRIDES

Faute d'ovule et d'embryon humains, les chercheurs envisagent de créer des embryons hybrides. Il suffit pour cela d'extraire d'un ovule bovin le noyau contenant l'ADN et de le remplacer par le noyau d'une cellule cutanée humaine. Après division et implantation, la cellule ainsi créée produit un embryon hybride, humain à 99,9 %. Les cellules souches embryonnaires pourraient alors être récoltées et utilisées à des fins thérapeutiques.

FAIRE UN BÉBÉ POUR GUÉRIR SON AÎNÉ

On envisage la possibilité de traiter un enfant malade du fait d'un gène défectueux avec des cellules souches prélevées sur un frère ou une sœur conçu(e) dans cette optique. Plusieurs embryons sont tout d'abord créés selon la méthode FIV (fécondation in vitro), consistant à prélever un ovule et à le féconder en laboratoire. L'embryon, dont les cellules sont à la fois proches de celles de l'enfant malade et exemptes d'anomalie génétique, est ensuite placé dans l'utérus de la mère pour donner un bébé. Lors de l'accouchement, des cellules souches sont prélevées dans le cordon ombilical pour traiter l'aîné.

DES MEMBRES BIONIQUES

Cette femme, qui a perdu le bras gauche dans un accident de moto, est l'une des premières personnes à bénéficier d'un membre bionique. La prothèse, commandée par le cerveau, est raccordée aux pectoraux. Lorsque la patiente a besoin de bouger la main, le cerveau envoie des ordres aux muscles, qui émettent des signaux électriques. Ceux-ci sont détectés par des capteurs électroniques et transmis à un mini-ordinateur qui dit à la main quoi faire.

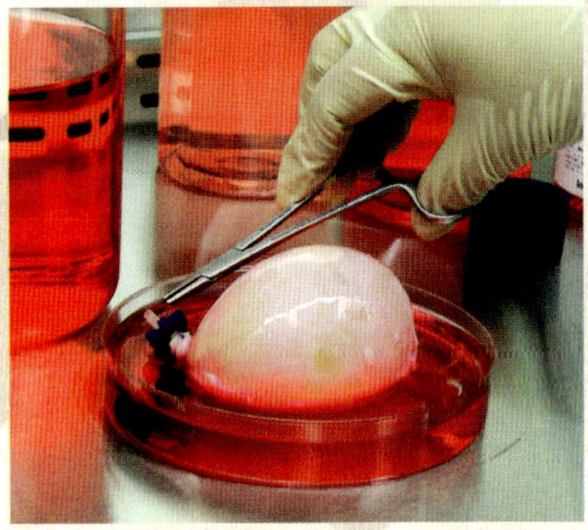

CULTURE D'ORGANES

À l'heure actuelle, on remplace certains organes malades en greffant l'organe sain d'un donneur. À l'avenir, il devrait être possible d'utiliser des organes « fabriqués » en laboratoire. Cette technique, déjà testée avec succès sur une vessie, consiste à prélever des cellules sur l'organe à remplacer et à les faire se multiplier autour d'une forme (ci-dessus) jusqu'à ce que celle-ci soit recouverte de tissu. Le nouvel organe est ensuite implanté.

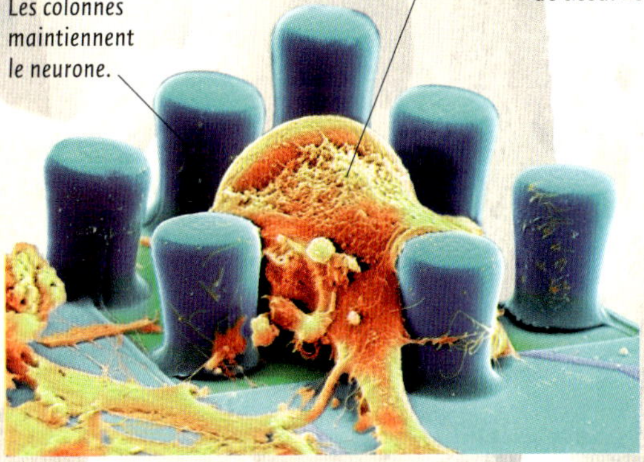

MICROPUCE CÉRÉBRALE

Cette image au microscope MEB montre un réseau de cellules nerveuses (neurones) sur une micropuce (circuit électronique miniature). La micropuce s'est liée aux neurones : elle peut stimuler l'échange de signaux aussi bien au niveau des neurones entre eux qu'entre elle et les neurones. Un jour, on pourra peut-être utiliser les circuits neuroélectroniques pour réparer les lésions cérébrales, voire améliorer les facultés intellectuelles, telles que la mémoire ou l'intelligence.

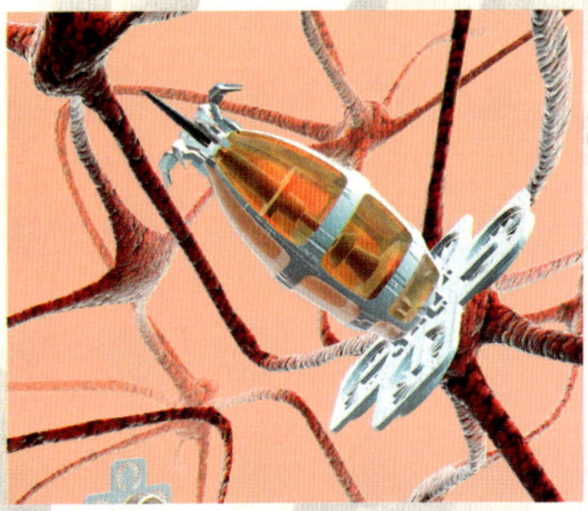

LES NANOBOTS MÉDICAUX

Cette œuvre d'art futuriste représente un nanobot médical examinant des cellules nerveuses (neurones). Les nanobots (nanorobots) sont des robots microscopiques autopropulsés qui, réagissant à leur environnement, peuvent agir de leur propre initiative. À l'avenir, les nanobots, dont on doit l'existence aux nanosciences – qui, par la manipulation des atomes et des molécules, permettent de construire des machines invisibles à l'œil nu – pourront peut-être détecter, diagnostiquer et réparer les dommages cellulaires et les lésions tissulaires.

LES TRANSHUMAINS

Dans *Terminator*, l'acteur Arnold Schwarzenegger (à gauche) incarne un cyborg – créature mi-homme mi-machine, dotée de facultés exceptionnelles. Avec les progrès technologiques à venir, cette fiction deviendra peut-être réalité.

VIE ÉTERNELLE ?

D'après certains scientifiques et philosophes, l'espérance de vie, qui est actuellement de 80 ans dans les pays développés, pourrait progressivement passer à 150 ans. Les progrès de la médecine, comme la thérapie génique ou les greffes d'organes, associés à certains changements de mode de vie, permettent déjà de vivre plus longtemps. Mais quelle serait la qualité de vie d'une personne de 150 ans ?

LES GRANDES ÉTAPES

La connaissance approfondie que nous avons actuellement de l'anatomie et de la physiologie est le résultat de plusieurs millénaires d'observations et d'études. Avec chaque nouvelle découverte, les générations suivantes ont eu une idée plus précise du corps humain et des systèmes organiques qui le composent. Mais il reste encore beaucoup de choses à découvrir sur son fonctionnement.

Statue d'Imhotep

IL Y A ENV. 1 600 000 ANS
Apparition en Afrique de l'homme moderne (*Homo sapiens*).

IL Y A ENV. 10 000 ANS
Premières communautés sédentaires et début de l'agriculture.

VERS 2650 AV. J.-C.
Imhotep, premier médecin connu.

VERS 1500 AV. J.-C.
Rédaction du papyrus *Ebers*, premier document médical connu.

VERS 500 AV. J.-C.
Le médecin grec Alcméon de Crotone émet l'idée selon laquelle le siège des émotions et de la pensée serait le cerveau et non le cœur.

VERS 420 AV. J.-C.
Le médecin grec Hippocrate insiste sur l'importance de l'observation et du diagnostic.

VERS 280 AV. J.-C.
Hérophile d'Alexandrie décrit l'encéphale et le cervelet.

40 APR. J.-C.
Le philosophe romain Cornelius Celse publie *De re medica*, traité de médecine en huit livres.

VERS 200
Le médecin romain d'origine grecque Claude Galien décrit, de façon souvent erronée, le fonctionnement du corps humain ; sa doctrine fera autorité jusqu'au début du XVe siècle.

VERS 1025
Le médecin perse Avicenne publie *Canon de la médecine*, ouvrage qui influencera l'art médical européen pendant 500 ans.

VERS 1280
Le médecin syrien Ibn al-Nafis démontre que le sang circule dans le corps.

VERS 1316
Le professeur d'anatomie italien Mondino dei Luzzi publie un manuel de dissection intitulé *Anatomie*.

VERS 1500
L'artiste et savant italien Léonard de Vinci réalise des planches anatomiques à partir de dissections, sans se référer à la doctrine de Galien.

1543
Le médecin flamand André Vésale publie *De humani corporis fabrica*, ouvrage dans lequel il décrit l'anatomie humaine avec exactitude.

1562
L'anatomiste italien Bartolomeo Eustachi décrit l'oreille dans l'ouvrage intitulé *De auditus organi*.

1590
Les lunetiers hollandais Zacharias Janssen et fils inventent le microscope.

1603
Dans un traité intitulé *De venarum ostiolis*, l'anatomiste italien Girolamo Fabrizi décrit la structure des veines.

1614
Le médecin italien Sanctorius publie sous le titre *La Médecine statique* les résultats d'observations faites sur son propre corps pendant 30 ans.

1628
Dans son *Essai d'anatomie sur le mouvement du cœur et du sang*, le médecin anglais William Harvey décrit la circulation sanguine.

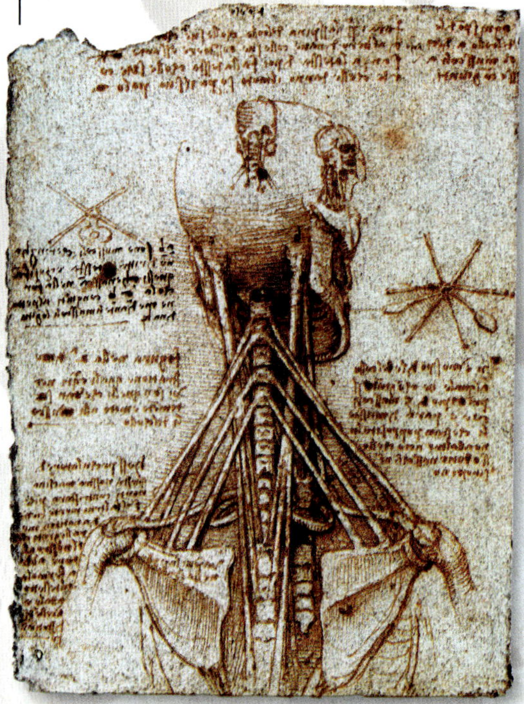

Planche d'anatomie par Léonard de Vinci, vers 1500

1662
Le *Traité de l'Homme* du philosophe français René Descartes paraît à titre posthume.

1663
Le biologiste italien Marcel Malpighi découvre les capillaires sanguins, petits vaisseaux assurant la communication entre artères et veines.

1664
Le médecin anglais Thomas Willis décrit l'irrigation du cerveau.

1665
Le physicien anglais Robert Hooke donne aux plus petites unités vivantes, qu'il a observées au microscope, le nom de « cellule ».

1672
L'anatomiste hollandais Reinier de Graaf décrit l'appareil reproducteur féminin.

Microscope de Hooke

1674-1677
Le drapier et microscopiste hollandais Antoni Van Leeuwenhoek décrit les cellules sanguines et les spermatozoïdes.

1691
Le médecin anglais Clopton Havers décrit la structure microscopique des os.

1775
Le chimiste français Antoine Laurent de Lavoisier découvre l'oxygène, gaz dont il montrera par la suite le rôle dans la respiration cellulaire.

1800
L'anatomiste écossais Charles Bell montre que les nerfs sont des faisceaux de neurones.

1816
Le médecin français René Laennec invente le stéthoscope, instrument servant à écouter les bruits respiratoires et ceux du cœur.

1833
Le médecin américain William Beaumont, chirurgien des armées, publie le résultat de ses observations sur les mécanismes de la digestion.

1837
Le biologiste tchèque Jan Purkinje observe les neurones du cervelet.

1842
Le chirurgien anglais William Bowman décrit la structure microscopique et le fonctionnement des reins.

1848
Le savant français Claude Bernard décrit le fonctionnement du foie.

1851
Le physicien allemand Hermann von Helmholtz invente l'ophtalmoscope, instrument servant à examiner l'intérieur de l'œil.

1861
Le médecin français Paul Broca identifie l'aire de l'hémisphère gauche du cerveau responsable de la parole.

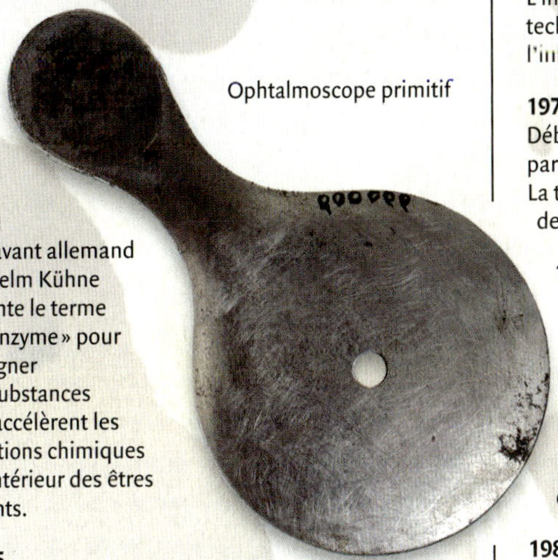

Ophtalmoscope primitif

1871
Le savant allemand Wilhelm Kühne invente le terme d'« enzyme » pour désigner les substances qui accélèrent les réactions chimiques à l'intérieur des êtres vivants.

1895
Le physicien allemand Wilhelm Roentgen découvre les rayons X.

1901
Karl Landsteiner, médecin américain d'origine autrichienne, identifie les groupes sanguins, ce qui a pour effet d'augmenter considérablement le taux de réussite des transfusions.

1905
Le savant anglais Ernest Starling invente le terme d'« hormone » pour désigner les messagers chimiques du corps.

1930
Le physiologiste américain Walter Cannon invente le terme d'« homéostasie » pour désigner l'ensemble des mécanismes qui permettent au corps de conserver des conditions internes stables.

1933
L'ingénieur allemand Ernst Ruska invente le microscope électronique.

1952
Le chirurgien américain Joseph E. Murrey réalise sur des jumeaux monozygotes, l'un étant donneur, l'autre receveur, la première greffe de rein.

1952
Le cardiologue américain Paul Zoll met au point le premier stimulateur cardiaque, dispositif assurant des battements de cœur réguliers.

1953
Le biologiste américain James Watson et le physicien anglais Francis Crick découvrent la structure en double hélice de l'ADN.

1958
Le médecin anglais Ian Douglas utilise l'échographie pour vérifier la bonne formation d'un fœtus.

1961
Le savant américain Marshall Nirenberg entreprend le déchiffrage de code génétique de l'ADN.

1967
L'imagerie par résonance magnétique (IRM), technique servant à visualiser les tissus mous de l'intérieur du corps, est utilisée pour la première fois.

1972
Débuts du scanner (tomographie assistée par ordinateur) pour visualiser les organes internes. La tomographie est un procédé spécial de radiographie « découpant » le corps en tranches.

1980
Premières opérations chirurgicales à l'intérieur du corps au moyen d'un endoscope introduit par une petite incision (chirurgie micro-invasive).

ANNÉES 1980
Débuts de la TEP (tomographie par émission de positrons), technique d'imagerie permettant de visualiser l'activité du cerveau.

1982
Greffe du premier cœur artificiel, mis au point par le savant américain Robert Jarvik.

Poche de sang

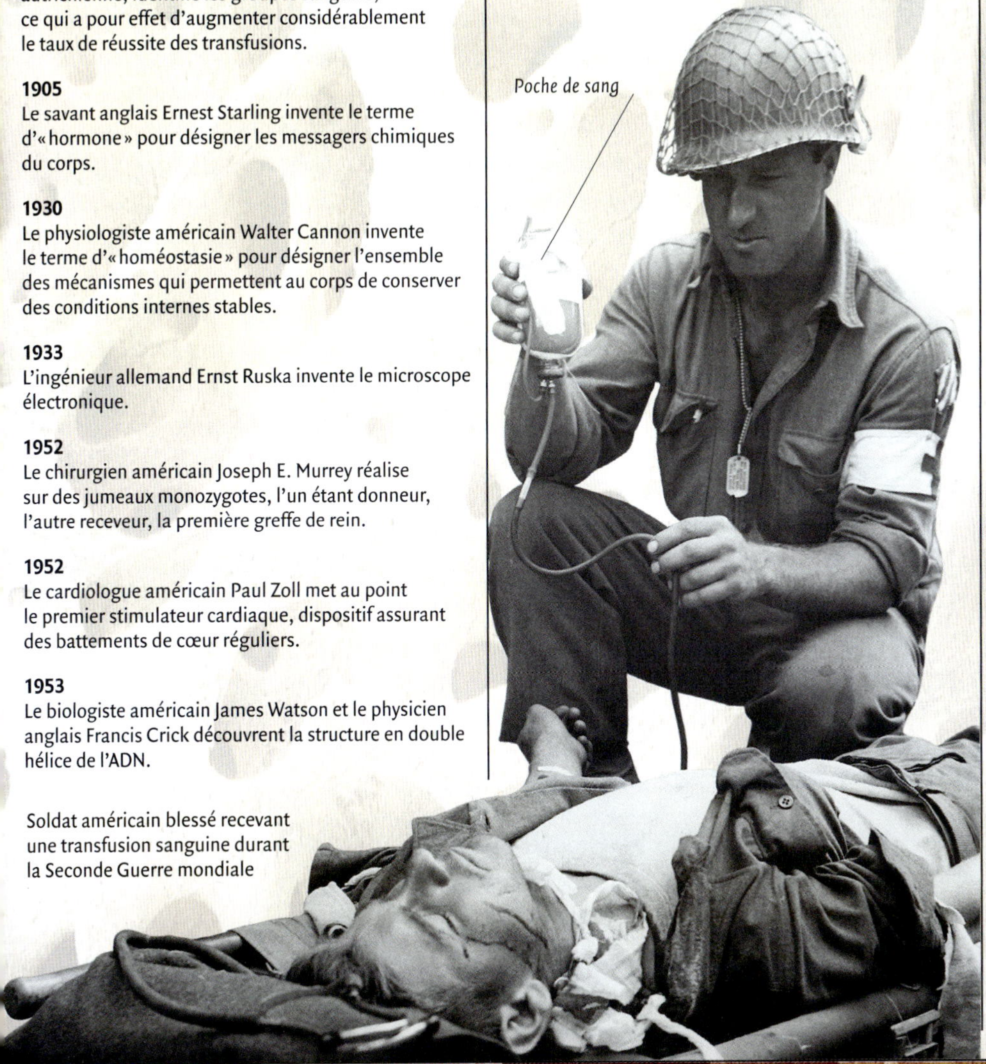

Soldat américain blessé recevant une transfusion sanguine durant la Seconde Guerre mondiale

1984
Découverte par le professeur Luc Montagnier du virus d'immunodéficience humaine (VIH), qui, en détruisant les cellules du système immunitaire, provoque le sida.

1990
Lancement du projet Génome humain, dont l'objectif est d'identifier tous les gènes contenus dans les chromosomes humains.

1999
Séquençage complet de l'ADN du vingt-deuxième chromosome, premier chromosome humain à être entièrement décrypté (p. 62).

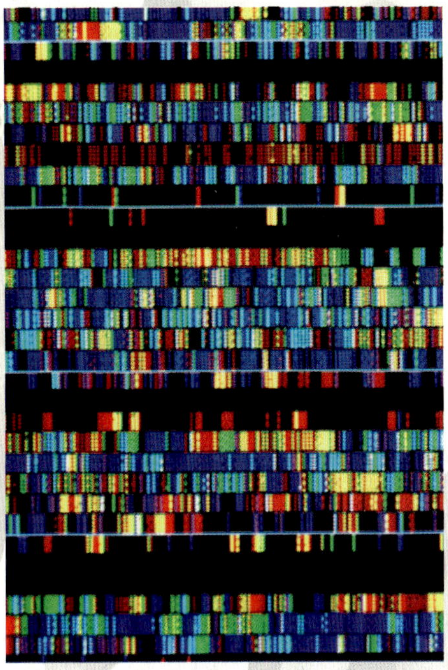

Affichage sur écran d'ordinateur de l'ordre linéaire de l'ADN

2001
Premiers essais de transfert de gène germinal sur des animaux dans le but d'empêcher la transmission d'un gène défectueux aux générations suivantes.

2002
Première utilisation de la thérapie génique (p. 64) pour traiter des enfants de sexe masculin dont l'organisme, du fait d'une immunodéficience héréditaire, est incapable de se défendre.

2003
Publication par le projet Génome humain (p. 62) du séquençage complet du génome humain.

2006
Transplantation avec succès d'une vessie cultivée en laboratoire à partir de cellules vésicales du patient lui-même.

2007
Longtemps considéré comme un organe inutile, l'appendice s'avère être un réservoir de bactéries indispensables au bon fonctionnement du gros intestin.

2008
La généticienne néerlandaise Marjolein Kriek est la première femme à avoir son génome séquencé.

Pour en savoir plus

Le corps humain est un sujet fascinant et inépuisable. Pour l'étudier plus avant, quantité de possibilités s'offrent à toi. Les magazines, la radio et la télévision se font constamment l'écho de nouvelles découvertes médicales, auxquelles il arrive qu'elles consacrent des dossiers très documentés sur le corps et son fonctionnement. Les livres et Internet peuvent également être d'une aide précieuse, sans parler des musées, qui proposent souvent des expositions sur l'anatomie ou la physiologie. Et enfin, n'oublie pas d'être attentif à ton propre corps ! Prends-en bien soin, mange équilibré et fait du sport !

OLD OPERATING THEATRE
Située dans l'ancien hôpital Saint-Thomas de Londres, cette salle d'opération du XIXe siècle est devenue un musée : à cette époque, l'anesthésie n'existait pas encore, et le seul moyen pour alléger la douleur du patient était de faire vite. Depuis les gradins, les étudiants en médecine pouvaient observer le déroulement de l'opération. Il n'y a pas de salle similaire visible en France.

À CORPS OUVERT
L'exposition itinérante *Body Worlds*, dont le propos est de « rendre l'anatomie accessible à tous », présente de véritables corps humains conservés par imprégnation polymérique (plastination). Organes et tissus y sont clairement mis en relief. Depuis son inauguration en 1995, au Japon, elle a accueilli plus de 20 millions de visiteurs à travers le monde. Cette exposition, qui exhibe des cadavres, soulève des controverses d'ordre éthique. Cependant Gunther von Hagens, anatomiste allemand, inventeur de la plastination et auteur de cette exposition, affirme qu'il s'agit de corps de donneurs volontaires.

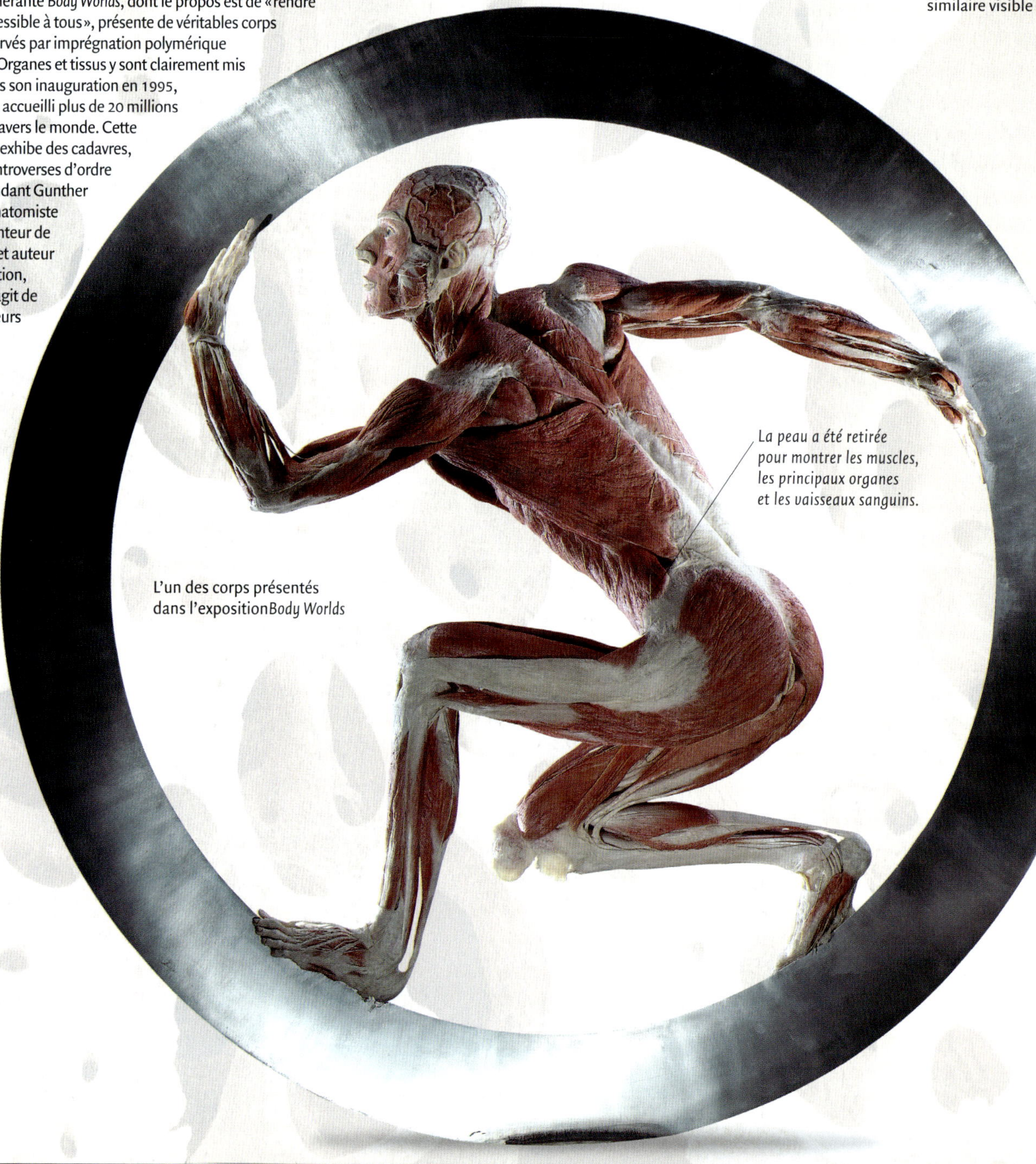

La peau a été retirée pour montrer les muscles, les principaux organes et les vaisseaux sanguins.

L'un des corps présentés dans l'exposition*Body Worlds*

EXPLORER LE CORPS
Le palais de la Découverte, tout comme le musée de la Santé de Houston aux États-Unis (ci-dessus), propose au visiteur une exposition permanente autour de la biologie humaine qui permet d'explorer différentes parties du corps humain, tout en participant, chemin faisant, à de nombreuses expériences interactives ou à des jeux de questions/réponses sur la santé. Par ailleurs, des biologistes présentent régulièrement des séances d'animation d'une durée de 45 minutes.

SCULPTURES GÉANTES
Au musée d'Art contemporain de Sydney, en Australie, un visiteur contemple une tête géante en résine et fibre de verre. Dans cette œuvre hyperréaliste intitulée *Mask II*, le sculpteur Ron Mueck se représente lui-même dormant. La fréquentation des musées et galeries d'art permet d'apprendre beaucoup de choses sur le corps humain et sa diversité.

Le cerveau de l'acrobate contrôle l'équilibre, la posture et la précision du geste.

L'extrême souplesse des muscles et des articulations résulte d'un entraînement intensif.

ACROBATIES
Ces deux acrobates du cirque du Soleil, capables de prouesses extraordinaires, font partie du spectacle *Alegria*. Assister à ce genre de numéro permet de se rendre compte des trésors de force, de souplesse et de grâce que recèle le corps humain.

LIEUX À VISITER

CITÉ DES SCIENCES ET DE L'INDUSTRIE, PARIS
- Expositions interactives sur le corps humain
- État des lieux détaillé de la recherche génétique

www.cite-sciences.fr

CHÂTEAU DU CLOS-LUCÉ, AMBOISE
- Planches anatomiques de Léonard de Vinci

www.vinci.closluce.com

INSTITUT CURIE, PARIS
- Laboratoire de chimie de Marie Curie, où la scientifique fit ses travaux sur la radioactivité

www.curie.fr/musee

MUSÉE D'HISTOIRE DE LA MÉDECINE DE PARIS
- Instruments médicaux
- Vieilles trousses de médecin et de chirurgien

www.bium-univ-paris5.fr/musee

MUSÉE D'HISTOIRE DE LA MÉDECINE DE TOULOUSE
www.museemedecine.free.fr

MUSÉE DE L'ÉCOLE VÉTÉRINAIRE, MAISONS-ALFORT
- Écorchés de Fragonard, dont le célèbre *Cavalier de l'Apocalypse* (cavalier et son cheval)

musee.vet-alfort.fr

MUSÉE DE LA MÉDECINE DE HAUTEFORT
www.musee-medecine-hautefort.fr

MUSÉE DU VAL-DE-GRÂCE, PARIS
- Moulages en cire de la Première guerre mondiale témoignant des formidables progrès en matière de chirurgie réparatrice maxillo-faciale

MUSÉE PASTEUR, PARIS
www.museepasteur.com

PALAIS DE LA DÉCOUVERTE, PARIS
- Exposition permanente « La biologie de l'Homme », de l'anatomie humaine à la biologie moléculaire : maquettes animées interactives, appareils médicaux, vidéos, animations par des biologistes

www.palais-découverte.fr

Stéthoscope du XVIIIe siècle

LIENS UTILES

- Le cerveau à tous les niveaux (navigation par thème, par niveau d'explication) : **lecerveau.mcgill.ca**
- Créé par l'Association française de la myopathie, un site dédié aux muscles : **www.animation-muscle.afm-france.org**
- Dictionnaire visuel du corps humain : **www.infovisual.info/03/pano_fr.html**
- Créé par des enseignants et des parents, un site interactif d'évaluation des connaissances sur le corps : **www.anatomia.learningtogether.net/french**
- Site (en anglais) permettant de visualiser le corps en 3D. C'est gratuit mais il faut d'abord s'inscrire : **www.visiblebody.com**

GLOSSAIRE

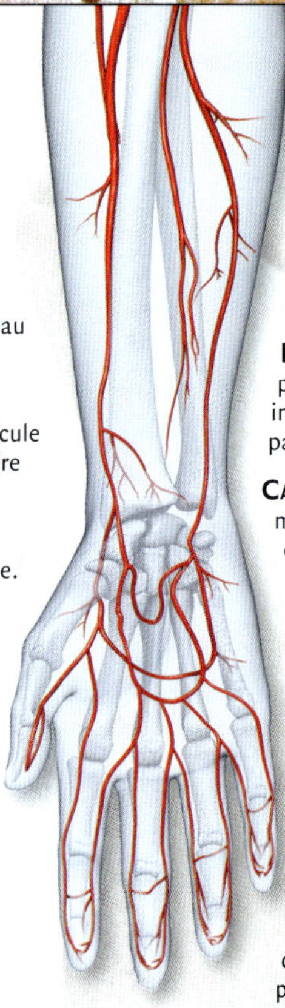

Vaisseaux sanguins alimentant l'avant-bras et la main

ABDOMEN Partie inférieure du tronc, comprise entre le thorax et les hanches.

ACUPUNCTURE Méthode thérapeutique consistant à planter des aiguilles dans la peau à certains endroits du corps afin de traiter différents troubles.

ADN (ACIDE DÉSOXYRIBONUCLÉIQUE) Molécule contenant l'information génétique nécessaire au renouvellement et au fonctionnement des cellules de l'organisme.

AGENT PATHOGÈNE Également appelé germe. Désigne un micro-organisme – bactérie ou virus – susceptible de provoquer une maladie.

ALVÉOLES Sacs aériens microscopiques dans les poumons par lesquels transitent l'oxygène, qui pénètre dans le sang, et le dioxyde de carbone, qui s'en échappe.

ANATOMIE Étude de la structure du corps.

ANTICORPS Substance libérée par les lymphocytes (cellules du système immunitaire) pour marquer les agents pathogènes en vue de leur destruction.

APPAREIL OU SYSTÈME Ensemble d'organes reliés entre eux et formant une unité fonctionnelle, comme l'appareil digestif.

ARTÈRE Vaisseau sanguin conduisant le sang depuis le cœur vers les tissus.

ATOME Particule indivisible d'un élément chimique, tels le carbone ou l'hydrogène.

AXONE Également appelé fibre nerveuse ; prolongement neuronal qui transmet les influx nerveux à un autre neurone ou à une fibre musculaire.

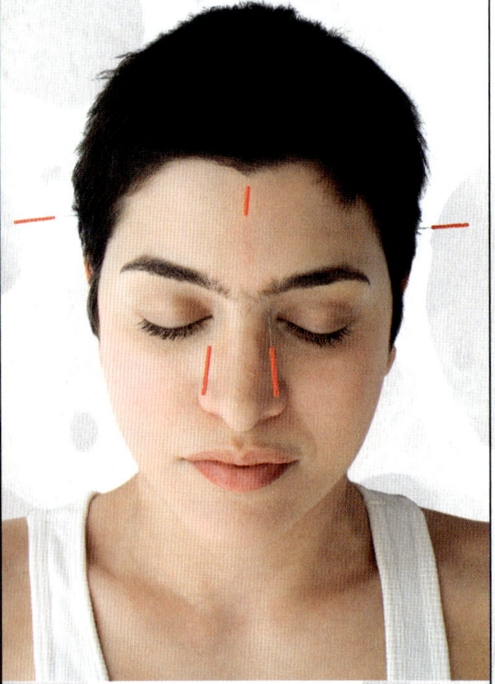

Les aiguilles d'acupuncture sont enfoncées dans la peau en des points précis.

BACTÉRIE Catégorie de micro-organismes. Certaines bactéries (germes pathogènes) peuvent provoquer des maladies.

BILE Suc sécrété par le foie et libéré par la vésicule biliaire dans le gros intestin. Contient des sels qui participent à la digestion.

CAPILLAIRE Vaisseau sanguin microscopique assurant la communication entre les artères et les veines.

CARTILAGE Tissu robuste et souple armant certaines parties du corps, comme le nez et l'oreille, et recouvrant les extrémités osseuses à l'intérieur des articulations.

CELLULE Plus petite unité fonctionnelle du vivant – le corps humain en compte quelque 100 000 milliards.

CHROMOSOME Molécule d'ADN, dont on dénombre 23 paires dans la plupart des cellules du corps.

CHYME Bouillie liquide et crémeuse constituée d'aliments partiellement digérés. Se forme dans l'estomac, puis se déverse dans l'intestin grêle.

CORTEX Couche externe à la superficie d'un organe, comme le cerveau ou les reins.

DIAPHRAGME Cloison musculaire en forme de dôme séparant le thorax de l'abdomen.

DIGESTION Dégradation des molécules complexes des aliments en nutriments simples (comme le glucose) assimilables par le sang, en vue de nourrir les cellules.

DISSECTION Pratique consistant à découper soigneusement et méthodiquement un cadavre pour en étudier les structures internes.

ÉCHANGE GAZEUX Passage concomitant de l'oxygène des poumons vers le sang et du dioxyde de carbone du sang vers les poumons.

EMBRYON Première phase de développement de l'ovule dans la muqueuse utérine, à partir de la fécondation jusqu'à 8 semaines.

ENZYME Protéine (molécule) ayant un effet accélérateur sur les réactions chimiques à l'intérieur des cellules.

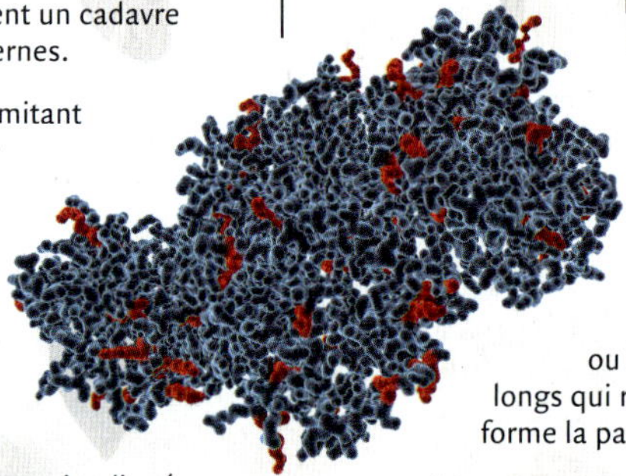

Enzyme impliqué dans la digestion des aliments

FÉCONDATION Fusion d'un spermatozoïde et d'un ovule permettant la formation d'un embryon.

FŒTUS Terme servant à désigner le bébé en formation de la neuvième semaine suivant la fécondation jusqu'à la naissance.

FIBRE Voir Axone

FOLLICULE Amas de cellules entourant et nourrissant un ovocyte à l'intérieur de l'ovaire. Nom également donné aux petits trous de la peau au fond desquels naissent les poils.

FRÉQUENCE CARDIAQUE Désigne le nombre de battements du cœur par minute.

GÈNE Unité d'information codée formant avec quelque 20 000 à 25 000 autres, réparties sur 23 paires de chromosomes, le matériel nécessaire au renouvellement et au fonctionnement des cellules.

GLANDE Organe sécrétant des substances chimiques, telles qu'hormones ou sueur, et les libérant dans ou sur le corps.

GLANDE ENDOCRINE Glande, comme la thyroïde ou les surrénales, ayant la propriété de sécréter des hormones et de les libérer dans le sang.

GLUCOSE Type de sucre présent dans le sang et formant l'une des principales sources d'énergie pour les cellules.

GROSSESSE Période de 38 à 40 semaines allant de la nidation (implantation dans l'utérus d'un ovule fécondé) jusqu'à l'expulsion du fœtus.

HOMÉOSTASIE Capacité de l'organisme à conserver des conditions interne stables – température, équilibre en eau, glycémie, etc. – en dépit des variations externes.

HORMONE Messager chimique fabriqué par une glande endocrine et libéré dans le sang pour influer sur le fonctionnement d'un organe ou tissu cible.

KÉRATINE Protéine fibreuse et insoluble durcissant les cellules des poils, des ongles et de la couche supérieure de l'épiderme.

LIQUIDE AMNIOTIQUE Substance dans laquelle baigne le fœtus en développement et qui le protège des heurts et des secousses.

LYMPHE Liquide d'origine tissulaire parcourant le système lymphatique pour aller se déverser dans le sang.

MATIÈRES FÉCALES Déchets semi-solides – mélange d'aliments non digérés, de cellules mortes et de bactéries – expulsé par l'anus au terme de la digestion.

MÉDULLAIRE Qui a trait à la moelle épinière ou à la partie centrale des os longs qui renferment la moelle ; qui forme la partie centrale d'un organe.

MEMBRANE Fine couche de tissu couvrant ou tapissant la surface externe ou interne d'un organe.

MÉNINGES Membranes protectrices entourant le cerveau et la moelle épinière.

MÉTABOLISME Ensemble des réactions chimiques par lesquelles les cellules produisent l'énergie nécessaire à leur propre fonctionnement et fabriquent les molécules dont elles ont besoin pour croître et se développer.

MICROSCOPIE ÉLECTRONIQUE À BALAYAGE (MEB) Technique permettant d'observer dans le détail le relief d'un échantillon.

MICROSCOPIE ÉLECTRONIQUE EN TRANSMISSION (MET) Technique permettant d'obtenir des images

Le neurone fait partie du réseau de communication du corps.

microscopiques de très haute définition et d'étudier la composition chimique de l'échantillon.

Moelle épinière Colonne de tissu nerveux descendant dans le canal formé par l'empilement des vertèbres. Sert de relais aux influx nerveux à destination ou en provenance de l'encéphale.

Molécule Petite particule constituée d'au moins deux atomes reliés entre eux.

Myéline Substance lipidique et protidique complexe qui forme un manchon autour de l'axone de certaines fibres nerveuses.

Neurone Cellule nerveuse constituant le cerveau, la moelle épinière et les nerfs (c'est-à-dire le système nerveux) et transportant des signaux (messages) électriques à grande vitesse.

Noyau Centre de contrôle de la cellule contenant les chromosomes.

Nutriment Constituant nutritif simple, tel le glucose, nécessaire au bon fonctionnement de l'organisme et devant être apporté en quantité suffisante par l'alimentation.

La suture est une articulation crânienne en zigzag.

Olfactif Ayant trait au sens de l'odorat.

Organe Entité physiologique complexe, comme le cerveau ou le cœur, constituée d'au moins deux types de tissu et ayant une fonction bien précise.

Ossification Processus de transformation du cartilage en os.

Ovocyte Cellule sexuelle femelle – appelé ovule à maturité.

Physiologie Étude du fonctionnement du corps, mécaniquement et chimiquement.

Placenta Organe éphémère alimentant l'embryon puis le fœtus en nutriments et oxygène. Une moitié du placenta se développe à partir du corps de la mère, l'autre moitié à partir de celui de l'embryon (fœtus).

Puberté Période de l'adolescence durant laquelle le corps de l'enfant se transforme en un corps d'adulte, l'appareil reproducteur devenant fonctionnel.

Radiographie Technique d'imagerie permettant de visualiser les os par projection de rayons X sur le corps placé devant une plaque photographique.

Spermatozoïde Cellule sexuelle mâle.

Spinal Relatif, ou qui appartient, à la colonne vertébrale ou à la moelle épinière.

Suture Articulation fibreuse immobile, comme on en trouve au niveau de la tête entre les différents os formant la boîte crânienne.

Synapse Espace entre deux neurones franchi par les influx nerveux lorsqu'ils passent de cellule en cellule.

Système *Voir* Appareil

Système immunitaire Ensemble de cellules présentes dans les systèmes circulatoire et lymphatique, ayant pour fonction de repérer et détruire les agents pathogènes afin de protéger le corps contre les maladies.

Système nerveux central Partie du système nerveux composée de l'encéphale et de la moelle épinière.

Thorax Partie supérieure du tronc, comprise entre l'abdomen et le cou.

Tissu Groupe organisé de cellules d'un même type travaillant de concert pour remplir une fonction en particulier.

Toxine Substance toxique qui agit comme un poison : elle peut être fabriquée par le corps ou libérée par une bactérie pathogène.

Tronc Partie intermédiaire du corps, composée du thorax et de l'abdomen. Aussi appelé buste.

Urine Liquide produit par les reins après filtration du sang ; il contient des déchets, l'eau excédentaire ainsi que des sels minéraux.

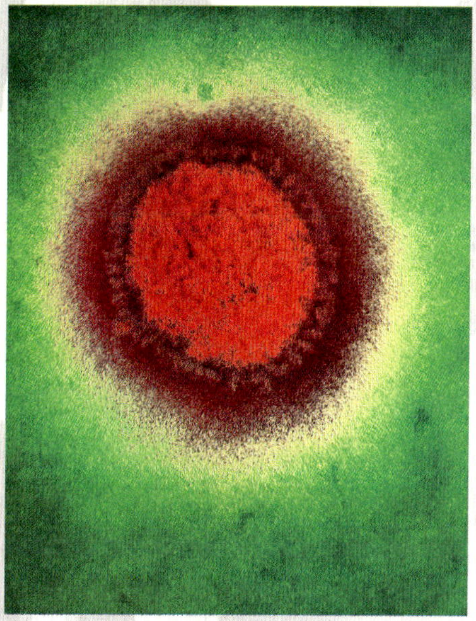

Image MET d'un virus *Influenza* (grippe) grossi 135 000 fois.

Vaisseau sanguin Tout tuyau – artère, veine ou capillaire – conduisant le sang dans le corps.

Veine Vaisseau sanguin conduisant le sang vers le cœur.

Virus Élément pathogène non cellulaire qui pénètre dans les cellules pour s'y multiplier. Certains sont responsables de maladies comme la rhino-pharyngite.

INDEX

AB

CD

EF

GH

IJKL

MN

OP

RS

TU

VW

CRÉDITS

Dorling Kindersley souhaite remercier Rajeev Doshi de Medimation (p. 26, 27, 28, 29, 40, 41 et 50-51) et Arran Lewis (p. 38, 39) pour les illustrations; Hilary Bird pour l'index; Monc Byles pour la relecture des épreuves.

Crédits photographiques

L'éditeur voudrait remercier les personnes physiques et morales l'ayant aimablement autorisé à reproduire leurs photographies (abréviations: b-bas, c-centre, d-droite, ed-extrême droite, eg-extrême gauche, g-gauche, h-haut, t-tout en haut)

akg-images: 9cg, 11tg; **Alamy Images**: Mary Evans Picture Library 9tg, 9td, 10cg, 12c, 12tg, 18cgh, 30cdh, 33td, 34bc, 36tg, 56td; Dennis Hallinan 66bc; INTERPHOTO Pressebildagentur 42bd; The London Art Archive 55td; PHOTOTAKE Inc. 7c, 26bg, 29cdh, 60c; The Print Collector 12cb, 16tg, 44cd, 50td, 56cdb, 60cd; Michael Ventura 15td; World History Archive 29tg; **The Art Achive**: Bodleian Library, Oxford / Ashmole 399 folio 34d, 10tg; Collection privée / Marc Charmel 14 td; **The Bridgeman Art Library**: Bibliothèque de la faculté de Médecine, Paris / Archive Charmel 46 cg; Bibliothèque nationale, Paris 8cd; Collection privée / Photo Christie's Images 63 bd; **Corbis**: Bettmann 24 tg, 26cg, 41c, 50cg, 67bc; Christophe Boisvieux 31cdb; CDC / PHIL 13td; EPA / Geoff Caddick 69bg; Frank Lane Picture Agency / Ron Boardman 13cdb; The Gallery Collection 31tg, 44cgb; Collection Hulton-Deutsch 22td, 27ch, 49bg; Gianni Dagli Orti 32c; Reuters / David Gray 69c; Ariel Skelley 61td; Visuals Unlimited 7cd, 18cgb, 19td; Zefa / Flynn Larsen 33bd; **DK Images**: The British Museum, Londres 42 tg; The British Museum, Londres / Peter Hayman 8-9b, 66cg; Combustion 46-47 c, 71tg; avec l'aimable autorisation de Denoyer – Geppert Intl / Geoff Brightling 55bc; Donks Models / Geoff Dann 13c; Arran Lewis 38-39; Linden Artists 57bd; Medi-Mation 40-41c, 50-51bc; avec l'aimable autorisation du Musée d'histoire naturelle de l'Université de Florence, département de zoologie La Specola / Liberto Perugi 11cd, 37tc, 44td; Old Operating Theatre Museum, Londres / Steve Gorton 2cb, 4td, 10-11b, 11cg; avec l'aimable autorisation de The Science Museum, Londres / Adrian Whicher 8cg; avec l'aimable autorisation de The Science Museum, Londres / Dave King 3tg, 12cg, 12cd, 66cd, 69cd; avec l'aimable autorisation de The Science Museum, Londres / John Lepine 67tg; Jule Selmes et Debi Treloar 35tc; **Getty Images**: AFP / André Durand 15bd; AFP / Damien Meyer 21 bd; Henry Guttmann 11td; Hulton Archive 35bd; The Image Bank / Johannes Kroemer 70bg; Nick Laham 53td; Win McNamee 65tg; Michael Ochs Archives 48cb; Popperfoto 28dgb; Science Faction / David Scharf 33cd; Science Faction / Rawlins – CMSP 64cdb; Stone / Ron Boardman 13bc; Taxi / Emmanuel Faure 15bg; Time Life Pictures / Mansell 37bd; Topical Press Agency 41cd; Visuals Unlimited / Michael Gabridge 71bg; **Gunther von Hagens' BODY WORLDS, Institute for Plastination, Heidelberg, www.bodyworlds.com**: 68b; **avec l'aimable autorisation de The Health Museum, Houston**: 69tg; iStockphoto.com: 8tg; Roberto A. Sanchez 16bg; Jaroslaw Vojcik 64bc; **The Kobal Collection**: Coralco 65bg; Gaumont 46tg; Warner Bros 63td; **Library of Congress, Washington D.C.**: Cornish & Baker 63cd; Mary Evans Picture Library: 40bg; **avec l'aimable autorisation de The Old Operating Theater Museum & Herb Garret, Londres**: 68td; PA Photos: AP Photo / Brian Walker 65 td; **Photolibrary**: Imagestate / David South 65bc; **Photo Scala, Florence**: The Musem of Modern Art, New York 31cdh; **Science Photo Library**: 14cg, 23c, 25td, 36cgh, 59tg; Juergen Berger 37cd; A. Barrington Brown 62cgh; Scott Camazine, Sue Trainor 18tg; Chemical Design 47cd; CNRI 38bg, 41bc, 49cg, 49ceg; Christian Darkin 65 cdb; Equinox Graphics 70cb; Eye of Science 55tg; Simon Fraser 15c; Gca 17bd; Steve Gschmeissner 19bd, 32td, 51tg; Innerspace Imaging 50bg; ISM / Alain Pol 57 cd; Christian Jégou Publiphoto Diffusion 6tg , Nancy Kedersha 30bd; James King-Holmes 67cd; Patrick Landmann 64cg; Dr. Najeeb Layyous 61tg; Astrid & Hans-Frieder Michler 41cg; Pr. P. Molta / Dépt d'Anatomie / Université La Sapienza, Rome 39bd, 54cg; MPI Biochemestry / Volker Steger 65c; Dr. Gopal Murti 62cgb; NIBSC 71cd; Susumu Nishinaga 64-65 (fond), 68-69 (fond), 66-67 (fond), 68-69 (fond), 70-71 (fond); Omikron 35cb; US National Library of Medicine 28td, Wellcome Department of Cognitive Neurology 15cg; Zephyr 14bc; **Still Picture**: The Medical File / Charles Brooks 15tg; Ed Reschke 21cb; **Wellcome Library, Londres**: 6bg, 16cgh, 22tg, 23bc, 23tc, 36cb, 38tc, 42td. © 2008, **by SOMSO models, www.somso.com**: 2td, 3td, 4cgh, 4cdh, 18cd, 18ch, 24c, 27bd, 30bg, 31bc, 32bd, 46bg, 53bc, 53bg, 56bg, 56bd, 58bd, 59bd, 60b, 61bg.

Couverture:

1er plat: Dorling Kindersley Ltd., dos: Dorling Kindersley Ltd., 4e plat: Dorling Kindersley. Ltd. hg, CCI Archives/Science Photo Library c, Science Photo Library/Simon Fraser d.

Toutes les autres images sont la propriété de Dorling Kindersley

SOMSO
MODELLE
SINCE 1876